高职高专"十二五"规划教材

国家骨干高职院校建设"冶金技术"项目成果

转炉炼钢生产仿真实训

主　编　陈　炜　冯　捷　王　强

副主编　刘吉涛　张　昭

北　京

冶金工业出版社

2013

内 容 提 要

"转炉炼钢生产仿真实训"是冶金技术专业重要的必修专业课程。本书内容分为 5 个学习情境,分别是物料的识别及选用、转炉炼钢计算机仿真系统操作介绍、典型钢种 45 号、Q235、SPHC 钢的计算机仿真操作,既包含了转炉炼钢基本操作的介绍,又涵盖了目前冶金行业典型钢种的仿真生产操作,注重提升学生的动手实操能力和沟通协调能力,为冶金专业顶岗实习和就业打下坚实的基础。

本书为高职高专院校冶金专业教材,亦可作为钢铁企业工人技术培训教材。

图书在版编目(CIP)数据

转炉炼钢生产仿真实训/陈炜,冯捷,王强主编. ——
北京:冶金工业出版社,2013. 12
高职高专"十二五"规划教材 国家骨干高职院校建设
"冶金技术"项目成果
ISBN 978-7-5024-6561-2

Ⅰ. ①转⋯ Ⅱ. ①陈⋯ ②冯⋯ ③王⋯ Ⅲ. ①转炉炼钢—计算机仿真—应用软件—高等职业教育—教材
Ⅳ. ①TF71 – 39

中国版本图书馆 CIP 数据核字(2014)第 030431 号

出 版 人 谭学余
地 址 北京北河沿大街嵩祝院北巷 39 号,邮编 100009
电 话 (010)64027926 电子信箱 yjcbs@ cnmip. com. cn
责任编辑 宋 良 美术编辑 杨 帆 版式设计 葛新霞
责任校对 李 娜 责任印制 牛晓波
ISBN 978-7-5024-6561-2
冶金工业出版社出版发行;各地新华书店经销;北京百善印刷厂印刷
2013 年 12 月第 1 版,2013 年 12 月第 1 次印刷
787mm×1092mm 1/16;9.75 印张;237 千字;142 页
21. 00 元
冶金工业出版社投稿电话:(010)64027932 投稿信箱:tougao@cnmip. com. cn
冶金工业出版社发行部 电话:(010)64044283 传真:(010)64027893
冶金书店 地址:北京东四西大街 46 号(100010) 电话:(010)65289081(兼传真)
(本书如有印装质量问题,本社发行部负责退换)

序

2010 年 11 月 30 日我院被国家教育部、财政部确定为"国家示范性高等职业院校"骨干高职院校立项建设单位。在骨干院校建设工作中，学院以校企合作体制机制创新为突破口，建立与市场需求联动的专业优化调整机制，形成了适应自治区能源、冶金产业结构升级需要的专业结构体系，构建了以职业素质和职业能力培养为核心的课程体系，校企合作完成专业核心课程的开发和建设任务。

学院冶金技术专业是骨干院校建设项目之一，是中央财政支持的重点建设专业。学院与内蒙古大唐国际再生资源开发有限公司共建"高铝资源学院"，合作培养利用高铝粉煤灰的"铝冶金及加工"方向的高素质高级技能型专门人才；同时逐步形成了"校企共育，分向培养"的人才培养模式，带动了钢铁冶金、稀土冶金、材料成型等专业及其方向的建设。

冶金工业出版社集中出版的这套教材，是国家骨干高职院校建设"冶金技术"项目的成果之一。书目包括校企共同开发的"铝冶金及加工"方向的核心课程和改革课程，以及各专业方向的部分核心课程的工学结合教材。在教材编写过程中，面向职业岗位群任职要求，参照国家职业标准，引入相关企业生产案例，校企人员共同合作完成了课程开发和教材编写任务。我们希望这套教材的出版发行，对探索我国冶金职业教育改革的成功之路，对冶金行业高技能人才的培养，能够起到积极的推动作用。

这套教材的出版得到了国家骨干高职院校建设项目经费的资助，在此我们对教育部、财政部和内蒙古自治区教育厅、财政厅给予的资助和支持，对校企双方参与课程开发和教材编写的所有人员表示衷心的感谢！

内蒙古机电职业技术学院　院长　张美云

2013 年 10 月

前　言

为了适应高等职业教育发展的需要，按照教育部高职高专人才培养目标、规格、知识结构、能力结构和素质要求，根据高职高专冶金技术专业的教学要求和专业特点，在总结近年来教学和实训工作经验，并征求相关企业工程技术人员意见和所使用的仿真实训软件特点的基础上，我们编写了本书。在编写过程中，吸收了国内外有关先进的技术成果和生产经验，充实了必要的理论基础知识和基本仿真操作技能；叙述由浅入深，理论与实践紧密结合，内容充实，实用性强。

本书从转炉炼钢所用原材料展开任务教学，然后按照任务驱动的教学模式分别对目前企业生产的典型钢种进行仿真操作实践，通过仿真操作，将炼钢原理、工艺、设备和具体操作融为一体，符合现代职业教育规律，便于学生对转炉炼钢生产知识和操作技能的掌握。

本书由内蒙古机电职业技术学院陈炜、河北科技大学冯捷、内蒙古机电职业技术学院王强主编，内蒙古包钢还原铁有限责任公司刘吉涛、包钢集团薄板坯连铸连轧厂张昭副主编，内蒙古科技大学王瑞芬、张利文、张国芳，安徽工业大学张立强，包头钢铁集团转炉生产部刘志鹏共同编写。其中，任务1由陈炜编写，任务2由冯捷和张立强编写，任务3由王强编写，任务4由刘吉涛编写，任务5由张昭编写，任务6~7由王瑞芬、张利文、张国芳编写，任务8由刘志鹏编写。编写中参阅了炼钢实训方面的相关文献，在此向有关作者、出版社表示衷心感谢。

由于时间仓促和编写水平有限，书中不足之处，欢迎读者批评指正。

编　者

2013 年 10 月

目　录

学习情境 1　物料的识别及选用

任务 1　废钢、铁水及生铁

【任务描述】

通过转炉冶炼原料样本的观察和比较，学会对废钢、铁水及生铁进行识别和选用。能够识别各种废钢铁，并根据所炼钢种的不同选用钢铁原材料。

【任务分析】

技能目标：

（1）据所炼钢种的要求选用不同的钢铁料；

（2）据所炼钢种的要求选用合适的铁水原料。

知识目标：

废钢铁中密封容器和有害元素的识别。

【知识准备】

1.1　废钢、铁水及生铁的识别和选用

1.1.1　操作步骤或技能实施

1.1.1.1　识别

A　废钢与生铁的识别

钢是碳含量低于 1.70% 的一种铁碳合金，炼钢生产中所炼钢种碳含量大多在 1.00% 以下。钢的特点是强度高、塑性好，可以锻、轧成各种所需要的形状，并且能随成分、压力加工和热处理方法的不同获得不同的性能。

所谓废钢，是指已不能正常应用的钢材余料；锈蚀或报废的机器部件；零件加工时的碎屑，如车屑、刨屑或磨屑等。钢厂的废品及返回料等，一般以锭、坯、棒、管、板、管、带、丝、压块、铸件、轧辊等形态出现。合金废钢可以采用手提光谱仪、砂轮研磨来鉴别钢种，必要时也可以作化学分析来鉴别。表 1-1 所示为某厂废钢分类及规格。

生铁以铁块、铁水、铸件、轧辊等形态出现。生铁是碳含量 $w(C) > 2.0\%$ 的另一种铁碳合金，炼钢生产中所用的生铁，其碳含量 $w(C)$ 在 3.5% ~4.4% 之间。它的特点是无塑性，很脆，不能进行压力加工变形，熔点较低，液态时的流动性比钢好，易铸成各种铸件。

固态生铁标为铁块，表面大多有凹槽及肉眼可见砂眼。铁块有两大品种：一是灰口

铁，也称灰铸铁，因其断面呈暗灰色而得名，其硅含量较高，液态时流动性好，常用于生产铸件；二是白口铁，因其断面呈亮白色而得名，其硅含量较低，一般作为炼钢用生铁。表 1 – 2 为某厂炼钢用生铁块技术条件。

表 1 – 1　废钢分类及规格

类　别	各种废钢典型举例	块度/mm	单重/kg
重型废钢	中包大块、铸坯及其切头、切尾、重型机械零件及重铸造钢件	$< 400 \times 500 \times 800$	< 500
中型废钢	钢材及其切头、切边、机械零件及铸钢件、工业设备废钢等	$< 300 \times 400 \times 800$	< 300
小型废钢	钢材切头、机械零件、铸件工具、农具等		
轻薄废钢	钢带及切头、薄板及切边钢丝盘条、钢屑等	< 8	
渣　钢	包底钢、跑钢、渣钢（含钢 78%）		

表 1 – 2　炼钢用生铁块技术条件

铁　　种			炼钢用生铁		
铁　号	牌　号		炼 04	炼 08	炼 10
	代　号		L04	L08	L10
化学成分 w/%	C		$\geqslant 3.50$		
	Si		< 0.45	$0.45 \sim 0.85$	$0.85 \sim 1.25$
	Mn	一组	$\leqslant 0.30$		
		二组	$0.30 \sim 0.50$		
		三组	大于 0.50		
	P	一级	< 0.15		
		二级	$0.15 \sim 0.25$		
		三级	$0.25 \sim 0.40$		
	S	特类	$\leqslant 0.02$		
		一类	$0.02 \sim 0.03$		
		二类	$0.03 \sim 0.05$		
		三类	$0.05 \sim 0.07$		

注：优质钢种用铁块为 L04 或 L08；P—级；S—类或特类。

液态生铁称为铁水，分为化铁炉铁水和高炉铁水两大类。二者相比，高炉铁水中的硫、磷含量一般较低，而碳、硅含量较高，铁水兑入转炉时会飞扬起一层飞灰，其中还可能夹带有闪亮的细片。表 1 – 3 为某厂铁水技术条件。化铁炉铁水是浪费能源、破坏地球环境的工艺，必须淘汰。

表 1 – 3　某厂炼钢用铁水技术条件　　　　　　　　　　　　　　（%）

项　目	Si	Mn	P	S
成　分	$0.45 \sim 0.85$	$\leqslant 0.6$	$\leqslant 0.15$	$\leqslant 0.05$
前后波动量	± 0.15	± 0.05	± 0.03	
温度/℃	$\leqslant 1250$			

注：优质钢种对铁水的要求见该钢种操作要点。

B 废钢来源

废钢来源主要有两方面。一是社会废钢：社会上的工业废钢（如旧机器及部件，废轧辊，废铸件，车刨屑等）和生产废钢（如废旧铁门窗，铁锅及家用工具等），经回收分类后可以作为炼钢生产的金属料，使这些废钢得到再生。二是钢厂自己的返回料（其中有的是合金返回料）：一般是指开坯、成品车间的切头、切尾、冷条、报废的坯料及钢材等，炼钢车间的注余钢水、包底残钢、汤道以及报废的钢锭等。合金返回钢返炼后可以回收其中的合金元素，节省自然资源。

1.1.1.2 根据所炼钢种的要求选用不同的钢铁料（转炉炼钢）

（1）所炼钢种对硫、磷有较高要求的，宜选用含硫、磷低等级的铁块或铁水。

（2）所炼钢种对夹杂物有严格要求的，应选用纯净的（一级或二级）废钢。

（3）对钢种硫磷含量要求特别严格的应对所用铁水进行预处理，预先将铁水中的硫、磷含量脱到很低水平后再进行炼钢。

1.1.2 注意事项

（1）废钢（特别是合金废钢）应分类堆放，标明钢种及成分。

（2）要根据炼钢要求，配料时应合理搭配使用各种废钢铁。

（3）必须根据钢种要求正确选用合金返回料。

（4）废钢中不得混有砖块、泥沙、油、回丝等杂物，也不得混有有色金属、封闭物等，否则会增加冶炼难度、降低钢质、成分出格报废，甚至发生爆炸等恶性事故。

1.1.3 知识点

1.1.3.1 金属料的分类

熔炼用废钢的分类见表1-4。

表1-4 熔炼用废钢分类（GB 4223—2004）

型号	类别	代码	外形尺寸及重量要求	供应形状	典型举例
重型废钢	1类	201 A	≤1000mm×400mm，厚度≥40mm，单重：40~1500kg，圆柱实心体直径≥80mm	块、条、板、型	报废的钢锭、钢坯、初轧坯、切头、切尾、铸钢件、钢轧辊、重型机械零件、切割结构件等
	2类	201 B	≤1000mm×500mm，厚度≥25mm，单重：20~1500kg，圆柱实心体直径≥50mm	块、条、板、型	报废的钢锭、钢坯、初轧坯、切头、切尾、铸钢件、钢轧辊、重型机械零件、切割结构件、车轴、废旧工业设备等
	3类	201 C	≤1500mm×800mm，厚度≥15mm，单重：5~1500kg，圆柱实心体直径≥30mm	块、条、板、型	报废的钢锭、钢坯、初轧坯、切头、切尾、铸钢件、钢轧辊、火车轴、钢轨、管材、重型机械零件、切割结构件、车轴、废旧工业设备等
中型废钢	1类	202 A	≤1000mm×500mm，厚度≥10mm，单重：3~1000kg，圆柱实心体直径≥20mm	块、条、板、型	轧废的钢坯及钢材、车船板、机械废钢件、机械零部件、切割结构件、火车轴、钢轨、管材、废旧工业设备等

型号	类别	代码	外形尺寸及重量要求	供应形状	典 型 举 例
中型废钢	2 类	202 B	≤1500mm×700mm，厚度≥6mm，单重：2~1200kg，圆柱实心体直径≥12mm	块、条、板、型	轧废的钢坯及钢材、车船板、机械废钢件、机械零部件、切割结构件、火车轴、钢轨、管材、废旧工业设备等
小型废钢	1 类	203 A	≤1000mm×500mm，厚度≥4mm，单重：0.5~1000kg，圆柱实心体直径≥8mm	块、条、板、型	机械废钢件、机械零部件、车船板、管材、废旧设备等
小型废钢	2 类	203 B	Ⅰ级：密度≥1100kg/m³ Ⅱ级：密度≥800kg/m³	破碎料	汽车破碎料等
统料型废钢		204	≤1000mm×800mm，厚度≥2mm，单重：≤800kg，圆柱实心体直径≥4mm	块、条、板、型	机械废钢件、机械零部件、车船板、废旧设备、管材、钢带、边角余料等
轻料型废钢	1 类	205 A	≤1000mm×1000mm，厚度≤2mm，单重：≤100kg	块、条、板、型	各种机械废钢及混合废钢、管材、薄板、钢丝、边角余料、生产和生活废钢等
轻料型废钢	2 类	205 B	≤800mm×600mm×500mm，Ⅰ级：密度≥2500kg/m³，Ⅱ级：密度≥1800kg/m³，Ⅲ级：密度≥1200kg/m³	打包件	各种机械废钢及混合废钢、薄板、边角余料、钢丝、钢屑、生产和生活废钢等

1.1.3.2　铁水质量对冶炼的影响

这里讲的所谓铁水质量主要是指铁水的成分和入炉温度。

A　铁水温度的影响

转炉炼钢所需的热量主要来自两方面：一来自于铁水本身温度所具有的物理热，二来自于铁水中元素在氧化过程中放出的化学热。表 1 - 5 为根据某 150t 顶底复吹转炉某炉次测定的数据（括号内为测定值，括号前为换算成 kJ 的值）编制的热平衡表。

表 1 - 5　热平衡表

热 收 入			热 支 出		
项　目	热量/kJ（kcal）	占比/%	项　目	热量/kJ（kcal）	占比/%
铁水物理热	108459（25900）	51.47	铁水物理热	132747（31700）	63.00
各元素的氧化热	94049（22459）	44.63	炉渣物理热	33082（7900）	15.70
其中：C	55821（13330）	26.49	矿石分解热	12563（3000）	5.95
Si	25042（5980）	11.88	炉气物理热	16667（3980）	7.90
Mn	1118（267）	0.53	烟尘带走热	1893（452）	0.92
P	3915（935）	1.86	铁珠及喷溅	3220（769）	1.53
Fe	8153（1947）	3.87	带走热	10549（2519）	5.00
烟尘氧化热	4250（1015）	2.02	其他热损失		
SiO₂ 成渣热	3957（945）	1.88			
共　计	210720（50320）	100.00	共　计	210720（50320）	100.00

从表 1-5 中可知，铁水温度带进去的物理热占整个热收入的 51.47%，是转炉炼钢的主要热源之一。可见铁水温度对冶炼过程的温度控制有着重要作用。

B　铁水成分的影响

a　铁水成分对冶炼温度的影响

从表 1-5 中数据可知，铁水中元素氧化后所释放出来的化学热占整个热收入的 44.63%，是非常重要的热量来源。可见铁水的成分对冶炼过程的温度控制有着重要作用。

b　铁水成分对冶炼的影响

（1）铁水中磷、硫含量的影响。一般情况下，如果铁水中磷、硫含量高，在正常的渣量、碱度、流动性和氧化性的情况下（即去磷、去硫效果相同的情况下）得到的钢水中的磷、硫含量亦为较高，势必会降低钢的质量。但当发现铁水中磷、硫含量较高时，可以采用增加渣料用量、增加换渣次数的办法来强化脱磷、硫的效果（或者先进行铁水预处理，先将铁水中的磷、硫量降下来），使钢水中的磷、硫含量降到符合所炼钢种要求的范围，所以当铁水中磷、硫含量较高时经过工艺操作最后不会使钢水中磷、硫含量偏高，但必定会增加冶炼的负担和难度，增加冶炼时间和冶炼成本。

（2）铁水中硅、锰对冶炼的影响。铁水中硅、锰的氧化会增加冶炼中的热收入，从表 1-5 中数据可知，特别是硅，其氧化热占热收入的 11.88%，这对提高熔池温度有利。锰的氧化物 MnO 是碱性氧化物，其生成既增加了渣量又减轻了炉渣的酸性，并有利于化渣。但硅的氧化物 SiO_2 是强酸性物质，它的存在会增加对炉衬的侵蚀程度，降低碱度。为减轻其影响，在工艺上要加石灰（也增加了热量消耗），增加了造渣操作难度。

C　废钢质量对冶炼的影响

a　废钢成分对冶炼的影响

废钢成分对冶炼的影响同铁水成分对冶炼的影响。

b　废钢外观质量的影响

废钢外观质量要求洁净，即要求少泥沙、垃圾和无油污，不得混入橡胶等杂物，否则会使熔池内 SiO_2、Al_2O_3、[H]、[P]、[S] 等杂质增加，其结果将增加冶炼的难度，增加熔剂等消耗，降低钢的质量。

另外严禁混入密封容器，因为它受热膨胀容易造成爆炸恶性事故。

炉料还要求少锈蚀。锈的化学成分是 $Fe(OH)_2$ 或 $Fe_2O_3 \cdot H_2O$，在高温下会分解而使 [H] 增加，在钢中产生白点，会降低钢的力学性能（特别是塑性严重恶化）。锈蚀严重时会使金属料失重过甚，不仅使钢的收得率降低，而且还会因钢水量波动太大而导致钢水中化学成分出格。

c　废钢块度对冶炼的影响

入炉废钢的块度要适宜。对转炉来讲，一般以小于炉口直径的 1/2 为好，单重也不能太大。如果废钢太重太大，可能会导致入炉困难，入炉后由于对炉衬的冲击力太大而影响炉衬的寿命，个别大块废钢入炉后甚至到冶炼终点时还不能全部熔化，出钢后会造成钢水温度或成分出格。废钢太轻太小也不好，其体积必然增大，入炉后会在炉内堆积，可能会造成送氧点火的困难。所以炼钢厂根据炉子容量大小对废钢块度和单重都有具体规定（见表 1-4）。

例如，某厂 30t 转炉规定入炉废钢的最大边长不大于 500mm，最大面积不大于 0.27m²，最大单重不大于 300kg；调温用废钢最大边长不大于 400mm，最大单重不大于 250kg。

　　D　废钢的冷却效应

　　a　废钢的冷却效应定义

废钢在转炉冶炼过程中既是金属料，又是冷却剂，所以必须掌握废钢的冷却效应的概念：在一定条件下加入 1kg 废钢所消耗的热量称为该冷却剂的冷却效应。

　　b　废钢冷却效应的计算

$$Q_废 = Mc_废(t_废 - t_常) + M\lambda + Mc_液(t_出 - t_废) \tag{1-1}$$

式中　$Q_废$——加入 1kg 常温废钢，加热到出钢温度的吸热（冷却效应），kJ；

　　　　M——废钢加入量，取 1kg；

　　　　$c_废$——废钢从常温（25℃）到液态的平均热容，取 0.700kJ/(kg·℃)；

　　　　$t_废$——废钢的平均熔化温度，取 1500℃；

　　　　$t_常$——常温，取 25℃；

　　　　λ——废钢的熔化热，取 272kJ/kg；

　　　　$c_液$——液体金属（钢水）的热容，取 0.837kJ/(kg·℃)；

　　　　$t_出$——钢种的出钢温度，设定取 1670℃。

以上数据代入式（1-1）后，得：

$$Q_废 = 1 × 0.700 × (1500 - 25) + 1 × 272 + 1 × 0.837 × (1670 - 1500)$$
$$= 1446.8 \text{kJ/kg}$$

【任务实施】

（1）实施地点：转炉冶炼仿真实训室

（2）实训所需器材

1）废钢样本 1~5 号；

2）密封容器样本 1~5 号；

3）含有有害元素的废钢样本 1~4 号；

4）铁水温度照片 1~3 号。

（3）实施内容与步骤

1）学生分组：4 人左右一组，指定组长。工作自始至终各组人员应尽量固定。

2）教师布置工作任务：学生了解工作内容，明确工作目标，制订实施方案。

3）教师通过实物、图片或多媒体分析演示让学生观察各种样本外观和内部结构。将样本的特征填写到表 1-6 中。

表 1-6　废钢样本

类　　别	代号	各类废钢典型举例	供应状态	单重/kg	外形尺寸/mm
废钢样本	1				
	2				
	3				
	4				
	5				

续表 1－6

类　　别	代号	各类废钢典型举例	供应状态	单重/kg	外形尺寸/mm
密封容器样本	1				
	2				
	3				
	4				
	5				
含有有害元素的废钢样本	1				
	2				
	3				
	4				

【知识拓展】

1.2　废钢铁中密封容器和有害元素的识别

目的与目标：

挑出混入废钢铁中的有害杂质，保证废钢铁的入炉质量及安全生产。

1.2.1　操作步骤或技能实施

（1）借助火花鉴别等方法检查废钢中是否混入有色金属（铜、锡、铅、锌等）。

（2）在废钢堆场，在废钢整理或废钢入炉前凭借肉眼和手感仔细观察和检查并挑出有害杂质。

（3）检查混入废钢铁中的铜。铜（Cu），金黄色金属，富有延展性，熔点1080℃。氧化后生成碱式碳酸铜，呈绿色（俗称铜绿）。具有良好的导热、导电性，常用以制作电器开关、触头、电线、马达线圈等。铜主要以这些制品形态混入废钢铁中，所以在检查中要严加注意，全部挑出。

（4）检查混入废钢铁中的锡。锡（Sn），熔点232℃，密度7.28g/cm³。锡有白锡、脆锡、灰锡3种同素异形体。常见的是白锡，呈银白色，富有展性。镀锡钢皮常称为马口铁，是废钢铁中最常见的，所以在检查中要挑出马口铁，防止将锡带入炉料中。

（5）检查混入废钢铁中的铅。铅（Pb），密度为11.34g/cm³，熔点327℃，呈银白色（带点灰色），延性弱，展性强，它经常混入社会废钢中，必须仔细检查后挑出。

（6）检查混入废钢铁中的密封容器爆炸物及放射性物质。密封容器和爆炸物进入炉内，由于受热后发生爆炉，是安全生产的隐患，必须仔细地从废钢铁中挑出来。检查和挑出密封容器和爆炸物后要及时进行处理，防止未经处理的危险物品再次混入废钢铁中。

偶尔会由于不能容忍的疏忽或犯罪，致使强放射源（如^{135}Cs，^{60}Co）混入废钢，对此要十分注意。发现密封铅容器或其他可疑金属物而又不能准确判断，应及时报告有关部门作放射性检查。不可轻易触摸，更不可入炉熔炼导致放射污染扩散。

1.2.2　注意事项

（1）要认真、仔细地进行检查。上述提到的任何有害杂质混入废钢铁中进入炉内，都会对冶炼及钢质量造成不良后果：铅易沉积到炉底缝隙中，从而造成穿炉漏钢事故；铜、锡会造成钢的热脆；锌易挥发，且在炉气中被氧化成氧化锌；密封容器及爆炸物加入炉内都可能引发爆炸恶性事件，对人身及设备安全形成重大隐患，后果不堪设想。

（2）对于一时难以确认的有色金属可以先行挑出，待确认后再行处理。

（3）对挑出的密封容器及爆炸物要及时进行慎重处理（确保处理安全），不可挑出后再乱丢乱放，以免重新混入。

1.2.3　知识点

（1）铜。钢中铜含量超过 0.3% 以后，在晶界上会有低熔点共晶体出现，在热加工时造成沿晶界开裂，严重损害产品质量；同时使钢的切削加工性（表面粗糙度）变坏。所以碳素钢对 $[Cu]$ 含量有一定限制。铜有时亦作为合金元素加入钢中，这是考虑到铜固溶在铁素体中能增加碳钢对大气的抗腐蚀能力，用于冶炼耐大气腐蚀钢。

（2）锡。锡存在于钢中，会使钢产生热脆现象，并降低成品钢材的力学性能，因此它作为钢内的有害元素要从废钢中挑出。

（3）铅。铅的密度高，熔点低，不溶于钢水，在冶炼时会沉到炉底钻入缝隙之中，造成炉底漏钢事故。同时，在冶炼的高温下，铅还会蒸发，对大气造成污染，有害于人体健康。

（4）爆炸物。混入废钢铁中的爆炸物主要有两类：一类是军用物资，例如废旧炮弹，如未经处理加入到炉内，极易引起爆炸；另一类是密封容器，此类容器进入炉内，容器中的气体在炉内高温下受热膨胀到一定程度而达到能冲破外壳时即会发生爆炸。一旦发生爆炸，可能炸毁炉子及设备，造成操作人员伤亡，所以在检查时一定要认真、仔细，处理时一定要慎重。

思考题 1-2

（1）如何检查和识别混入废钢铁中的有害杂质？

（2）有害杂质对冶炼及钢质有什么危害？

【学习小结】

（1）所炼钢种对硫、磷有较高要求的，宜选用含硫、磷低等级的铁块或铁水。

（2）所炼钢种对夹杂物有严格要求的，应选用纯净的（一级或二级）废钢。

（3）对钢种硫磷含量要求特别严格的，应对所用铁水进行预处理，预先将铁水中的硫、磷含量脱到很低水平后再进行冶炼。

【自我评估】

（1）钢与铁有何区别？

（2）铁水质量对冶炼有何影响？

（3）废钢质量对冶炼有何影响？

（4）何谓冷却效应？

【评价标准】

按表1－7进行评价。

表1－7　评价标准

考核内容	内容	配分	考核要求	计分标准	组号	扣/得分
项目实训态度	1. 实训的积极性； 2. 安全操作规程遵守情况； 3. 遵守纪律情况	40	积极参加实训，遵守安全操作规程，有良好的职业道德和敬业精神	违反操作规程扣20分； 不遵守劳动纪律扣20分	1 2 3 4 5	
废钢样本外观及特点	1. 从外观判别废钢元素组成； 2. 叙述废钢原料使用注意事项	30	能根据样本外观对废钢、铁水进行冶炼选用	从外观判别废钢元素组成20分； 叙述废钢原料使用注意事项10分	1 2 3 4 5	
铁水凝固样本，冶炼生产时外观及特点	1. 从外观判别铁水含碳量高低； 2. 叙述铁水原料使用注意事项	30	能根据样本外观对废钢、铁水进行冶炼选用	从外观判别废钢元素组成20分； 叙述废钢原料使用注意事项10分	1 2 3 4 5	
合　计		100				

任务2　常用氧化剂、铁合金及渣料的识别及选用

【任务描述】

通过转炉冶炼常用氧化剂、铁合金及渣料的观察和比较，能识别各种脱氧剂，并能根据冶炼钢种的不同正确选用。

【任务分析】

技能目标：

（1）据所炼钢种的要求选用不同的氧化剂；

（2）据所炼钢种的要求选用合适的铁合金；

（3）据所炼钢种的要求选用不同的渣料。

知识目标：

各种脱氧剂、铁合金和渣料的识别。

【知识准备】

2.1 脱氧剂的识别和选用

操作步骤或技能实施

2.1.1 识别各种常用脱氧剂

（1）锰铁。锰铁的密度较大，为 7.0g/cm³，外观表面颜色很深，近乎于黑褐色并呈现出犹如水面油花样的彩虹色；断面呈灰白色，并有缺口。如果相互碰撞会有火花产生。

（2）硅铁。密度较小，为 3.5g/cm³，表面为青灰色，易破碎，其断面较疏松且有闪亮光泽。

（3）铝铁。密度也较轻，约为 4.9g/cm³，外观表面为灰白色（近灰色）。

（4）铝。手感是上述几种合金中最轻的，密度仅为 2.8g/cm³，是一种银白色的轻金属，有较好的延展性，一般以条形或环形状态供应。

（5）硅钙合金。表面颜色与硅铁很接近，为青灰色，手感比硅铁和铝更轻，密度仅为 2.55g/cm³，其断面无气孔，有闪亮点。

（6）硅锰合金。手感较重，密度为 6.3g/cm³，质地较硬，断面棱角较圆滑，相互碰撞后无火花产生。表面颜色在锰铁与硅铁之间（偏深色），使用块度一般在 10～50mm。

（7）铝锰铁。块状，形如条形年糕，貌如小型铸件，表面较光滑，色近于褐色与锰铁相似。块度不大，一般不会碎裂，如破碎其断面呈颗粒状，且略有光泽。

2.1.2 正确选用脱氧剂

（1）若炼优质钢需要在炉内沉淀脱氧时，可以选用锰铁、硅锰铁或铝铁。

（2）冶炼沸腾钢或者低硅钢种，几乎不用硅铁来进行脱氧。

（3）硅铁是常用的较强脱氧剂，按照铁合金加入顺序，一般在加入锰铁后使用。

（4）铝在常用脱氧剂中脱氧能力最强，一般用于终脱氧。

（5）铝锰铁是一种复合脱氧剂，在炼钢中作为铝的一种代用品使用，对钢的质量有益。

炼钢中使用的复合脱氧剂除了铝锰铁外，还有硅钙合金、硅锰合金、硅铝钡、硅铝钡钙等，使用复合脱氧剂后主要有以下益处：

1）提高脱氧能力。锰是脱氧能力较弱的元素，但它与其他元素共同使用时，能增加其他元素的脱氧能力。

2）生成低熔点产物，易于排出。硅是脱氧能力较强的元素之一，当硅的加入量由 0.06% 增加到 0.37% 时，脱氧产物由 $2FeO \cdot SiO_2$（熔点为 1205℃）转化为 $2FeO \cdot SiO_2 + SiO_2$，最后转化为纯 SiO_2 固体，所以单独用硅脱氧，其脱氧产物不太容易排出而残留在钢水中成为钢水中非金属夹杂物，降低钢的质量。当硅与锰共存为复合脱氧剂时，便能生成低熔点的脱氧产物，便于排出。

综上所述，可见使用复合脱氧剂，对于提高脱氧能力、提高钢的质量是非常有利的。

2.1.3　注意事项

（1）铝铁与硅铁在外观特征有许多相似之处，要特别注意区别，防止混用后产生不良后果。

（2）合金加入顺序按脱氧能力强弱来安排，一般先加脱氧能力弱的合金，再依次加入脱氧能力较强的合金。常用脱氧剂加入顺序为：先加锰铁，然后加硅铁，最后加铝。

（3）粉状脱氧剂可包成小包（用硬纸或钢皮）后再使用。每包重量应视具体情况而定。使用前须经 150～200℃ 烘烤 4h 以上，随用随取以防受潮。

2.1.4　知识点

（1）常用铁合金品种、牌号和成分要求见表 2－1。

表 2－1　常用铁合金品种、牌号和成分要求　　　　　　　　　（%）

铁合金	成分	C	Mn	Si	S	P	Cr	Ca	Al
硅镁	FeMn65Si17	≤1.8	65～70	17～20	≤0.04	Ⅰ级≤0.10			
	FeMn60Si17	≤1.8	60～70	17～20		Ⅱ级≤0.15 Ⅲ级≤0.20			
高碳锰铁	GFeMn76	≤7.5	≥76	1 组≤1.0 2 组≤2.0	≤0.03	Ⅰ级≤0.33 Ⅱ级≤0.05			
	GFeMn68	≤7.0	≥68			Ⅰ级≤0.33 Ⅱ级≤0.05			
	GFeMn64	≤7.0	≥64			Ⅰ级≤0.40 Ⅱ级≤0.60			
硅铁	FeSi75Al1.0A	≤0.1	≤0.4	74～80	≤0.02	≤0.035	≤0.3	≤0.10	≤1.0
	FeSi75Al1.0B	≤0.2	≤0.5	72～80		≤0.040	≤0.5	≤0.10	≤1.0
	FeSi45		≤0.7	40～47		≤0.040	≤0.5		
中碳锰铁	FeMn80C1.0	≤1.0	80～85	Ⅰ≤0.7 Ⅱ≤1.5	Ⅰ≤0.20 Ⅱ≤0.30	≤0.02			
	FeMn80C1.5	≤1.5	80～85	Ⅰ≤1.0 Ⅱ≤1.5	Ⅰ≤0.20 Ⅱ≤0.33				
铝	一级 Al			≤1.0					≥98
铝硅铁	FeAlSi	≤0.60		≥18	≤0.05	≤0.05			≥48 w(Cu)≤0.60
特锰铁	特锰 3－A	≤7.0	≥76	≤1.0	≤0.03	≤0.25			
	特锰 3－B	≤7.3	≥76	≤1.3					
硅钙	Ca31Si60	≤0.8		55～65	≤0.06	≤0.04		≥31	≤2.4
	Ca28Si60							≥28	≤2.4
	Ca24Si60				≤0.04			≥24	≤2.5
铝铁	FeAl50			≤5	≤0.05	≤0.05	w(Cu)≤0.4		50～55
	FeAl45				≤0.05	≤0.05			45～50
	FeAl20			≤5	≤0.05	≤0.06	w(Cu)≤0.4		18～26

（2）炼钢对铁合金的要求

1）铁合金中的有害元素及杂质含量要少。因为脱氧剂太多，且在出钢前或出钢过程中加入，如带入有害元素和杂质已很难去除，将会影响成品钢的质量。

2）脱氧剂成分要求相对稳定，以便准确地确定相应的加入量。

思考题 2 – 1

（1）如何识别锰铁、硅铁、硅锰、硅钙、铝铁与铝？

（2）怎样选用脱氧剂？

2.2　常用铁合金的识别

2.2.1　操作步骤或技能实施

（1）及时核对铁合金来料成分单及实物。

（2）各种铁合金应分类堆放，并标明名称、规格和成分。

（3）根据铁合金特征，在现场用肉眼识别各种常用铁合金（各类铁合金的特征详见知识点）。

2.2.2　注意事项

（1）铁合金实物和成分单要正确对应，不能搞混搞错，否则一旦加错合金品种或者合金成分有误，会造成合金元素加错或者加入数量不准，均会造成钢的成分出格而报废。

（2）要加强铁合金管理。铁合金必须按品种、规格、成分分类堆放，保证正确选用。

2.2.3　知识点

常用铁合金的品种、牌号和成分要求见表 2 – 1。

（1）锰铁。锰铁密度较大，为 $7.0g/cm^3$；颜色较深，近黑褐色；断面呈灰白色，其棱角有缺口；相互碰撞时会有火花产生。它既可用作脱氧剂，亦可作为合金剂。使用块度根据需要而定，中、小型转炉用一般为 10～50mm。

（2）硅铁。硅铁既作脱氧剂，又作合金剂。硅铁密度较轻，为 $3.5g/cm^3$；青灰色，易破碎，其断面疏松，有气孔，有光泽。一般以散状块料供应，使用块度根据需要而定，中、小型转炉一般要求为 10～50mm。其中：高硅铁，青灰色，密度低，为 $3.5g/cm^3$；低硅铁，银灰色，密度高，为 $5.15g/cm^3$。含硅在 50%～60% 左右的硅铁极易粉化，并放出有害气体，一般不生产也不使用这种硅铁。

（3）硅锰合金。手感较重，密度为 $6.3g/cm^3$，质地较硬，断面棱角较圆滑，相撞无火花产生；颜色在锰铁与硅铁之间（偏深色），是一种常用的复合合金剂；使用块度根据需要而定，中、小型转炉一般要求为 10～50mm。

（4）铝。铝是所有常用合金中密度最小的，仅为 $2.8g/cm^3$，为银白色轻金属，有较好的延展性，是强脱氧元素，用于终脱氧，也可用作合金剂。一般制成条形（长约 200mm，宽约 50～80mm 不等）或环形供应。如：某厂铝块：$w(Al) \geqslant 98.0\%$，块重 0.8～1.2kg；某厂铝粉：$w(Al) \geqslant 90.0\%$，$w(Si) \leqslant 1\%$，粒度 5～10mm，袋装，30kg/袋。

（5）硅铝钡合金。硅铝钡合金技术条件（按 YB/T 066—1995）（见表 2 –2）。硅铝钡合金要求：干净、干燥、无杂质、不得混料；硅铝钡合金的包装为袋装，5kg/袋；粒度 10～50mm。

表 2-2　某厂硅铝钡合金技术条件　　　　　　　　　　　　　（%）

项目	牌　号	Si	Ba	Al	C	P	S
指标	FeAl2Ba15Si40	≥40	≥15.5	≥12.0	≤0.20	≤0.04	≤0.03

（6）锰铝铁。锰铝铁合金技术条件见表 2-3。锰铝铁合金要求：干净、干燥、无杂质、不得混料；粒度 10～50mm。

表 2-3　某厂锰铝铁合金技术条件　　　　　　　　　　　　（%）

项目	Al	Mn	Si	C	P	S
指标	20～26	30～35	≤2	≤2	≤0.2	≤0.03

2.2.4　铁合金用途

（1）用作脱氧剂。炼钢过程主要是一个氧化过程，冶炼时必须供给熔池足够的氧，而到冶炼终点时又必须将溶解于钢水中的氧去除以保证钢的质量，为此需要向钢水中加入脱氧剂，使之与钢中溶解氧生成不溶于钢水的氧化物，以达到清除钢水中过剩溶解氧的目的。

（2）用作合金剂。如前所述，炼钢过程基本是一个氧化过程，到冶炼终点时，钢水中原有的锰元素被氧化得所剩无几，而硅元素更是差不多氧化殆尽，钢种所规定的各种化学成分必须在出钢前或出钢过程中加以调整，这个过程称为合金化。合金化是通过向钢水中加入铁合金来完成的。

（3）部分铁合金可以兼作脱氧剂和合金剂，如锰铁、硅铁、铝等。

思考题 2-2

（1）如何识别常用铁合金的种类？

（2）常用铁合金的成分要求有哪些？

（3）铁合金有哪些用途？

2.3　常用铁合金的选用

2.3.1　操作步骤或技能实施

（1）了解所炼钢种的标准成分及内控要求。

（2）根据钢中该元素的残余含量，确定该元素的需加入量。

（3）选择所用铁合金种类（含碳量及各合金元素的含量）。

（4）确定合金回收率，并计算出该合金加入量。

（5）核对所选用的合金种类及加入量。

2.3.2　注意事项

（1）冶炼沸腾钢一般选用锰铁。

（2）冶炼镇静碳钢一般选用锰铁和硅铁。

（3）冶炼合金钢选用相应合金元素的铁合金。如冶炼 40Cr 选用铬铁，冶炼 50CrV 则选用铬铁和钒铁。

（4）铝一般用于终脱氧。只有冶炼含铝钢时，才选用铝作为合金剂。

（5）选用某一合金，采用低碳、中碳还是高碳合金，要视钢中含碳量与所炼钢种规格之间的差值。在可能的情况下，还应考虑炼钢成本，尽量选用价格便宜的高碳铁合金。

（6）提高钢的内在质量，常采用复合脱氧剂，如 Mn – Si、Ca – Si 等。

（7）凡要加多种铁合金时，一般先加脱氧能力较弱的合金，再加脱氧能力较强的合金，依此类推。例如，生产中常见是先加 Fe – Mn，然后加 Fe – Si、Mn – Si，最后加铝。

2.3.3　知识点

常用铁合金的使用要求：

（1）合金使用前必须核对合金种类、成分单及实物，切忌用错。

（2）合金回收率的影响因素很多，一般有合金的氧化能力、冶炼温度、钢水及炉渣氧化性、炉渣数量及其黏度等。使用前必须根据以上因素的综合影响正确确定合金元素回收率，并在计算合金用量时，视具体情况对计算结果酌情进行调整。

（3）所加铁合金必须保证其块度要求。块度太小，在加入过程中易被炉渣氧化，降低回收率；块度太大，加入钢中后难以熔化，易造成成分偏析甚至出格。块度要求应根据铁合金加入方法、加入时期、合金种类及炉子吨位大小而异，具体见相应的操作规程。

（4）铁合金在加入前一般都要经过烘烤，以保证其干燥和加入后熔池有较小的温降（特别是加入量较大的合金）。例如，硅铁使用前必须烘烤到表面发红，否则会增加钢中的气体含量。易氧化的元素（如 Fe – Ti）应采用低温烘烤以去除水分。

思考题 2 – 3

（1）如何根据冶炼钢中的不同选用铁合金？

（2）使用常用铁合金时有些什么要求？

（3）如何对铁合金进行管理？

2.4　造渣材料的识别和选用

2.4.1　操作步骤或技能实施

2.4.1.1　在渣料料场识别各种造渣材料

（1）石灰的外观特征。石灰呈白色，手感较轻（注意，有些手感较重的石灰往往是未烧透的石灰石）。石灰极易吸水粉化，粉化后的石灰粉末不能再作渣料用。

（2）萤石的外观特征。萤石基本以块状供应，质量好的萤石表面呈黄、绿、紫等色（无色的少见），透明并具有玻璃光泽；质量较差的则呈白色（类似于石灰颜色）；质量最差的萤石表面带有褐色条斑或黑色斑点，且其硫化物（FeS、ZnS、PbS 等）含量较多。

（3）生白云石的外观特征。灰白色，与石灰相比则石灰更趋白色、内部结构更疏松、且表面会粘有不少粉末；而生白云石稍趋深色（从颜色看与劣质萤石相似），质硬，手感较重。

（4）氧化铁皮的外观特征。氧化铁皮是轧钢车间铸坯表面的一层氧化物，剥落后成为片状物，青黑色，主要成分是氧化铁。

（5）铁矿石的外观特征。常见的铁矿石有 3 种：

1）赤铁矿，俗称红矿。外表有的呈钢灰色或铁黑色，有的晶形为片状；有的有金属光泽且明亮如镜（故又叫镜铁矿），手感很重。主要成分是 Fe_2O_3。

2）磁铁矿，外表呈钢灰色和黑灰色，有黑色条痕，且具有强磁性（因此而得名）。磁铁矿组织比较致密，质坚硬，一般呈块状。主要成分是 Fe_3O_4。

3）褐铁矿，外表呈黄褐色、暗褐色或黑色，并有黄褐色条痕。其结构较松散，密度较小，相对而言手感较轻，含水量大。主要成分是 $mFe_2O_3 \cdot nH_2O$。

2.4.1.2　在炉前识别各种造渣材料

炉前加渣料的具体操作见工艺部分。在此我们仅是观察炉前加渣料操作如何进行，加些什么渣料以及各种渣料的特征，以达到识别这些渣料的目的。

2.4.1.3　加入各种渣料的目的和作用

A　石灰的主要作用

石灰的主要成分是 CaO，加入后使炉渣的碱度 R 提高，生产中一般 $m(CaO)/m(SiO_2)$ 的大小来表示 R 的大小。石灰的主要作用为：

（1）有利于脱磷反应。脱磷反应是在渣 - 钢界面上进行的，加入石灰提高了碱度，即提高了渣中氧化钙的含量，有利于脱磷反应的进行。

（2）有利于脱硫反应。加入石灰提高了碱度，即提高了渣中氧化钙的含量，有利于脱硫反应的进行。

（3）有利于保护炉衬。目前氧气转炉的炉衬基本都是由碱性耐火材料制成的。加入石灰后提高了炉渣的碱度，使炉中酸性很强的 SiO_2 从自由态的玻璃相转变为化合态的橄榄石相。SiO_2 被稳定在（$2CaO \cdot SiO_2$）中，从而减轻了渣中酸性氧化物对碱性炉衬的侵蚀，起到保护炉衬的作用。

B　萤石的主要作用

萤石的主要成分是 CaF_2，在冶炼中加入炉渣之中能在不降低碱度的情况下降低炉渣的熔点，改善炉渣的流动性，是一种很好的助熔剂，而且 CaF_2 本身也有一定的去硫作用。

C　生白云石的主要作用

转炉初期渣的矿物组成中有许多是镁的硅酸盐。由于目前转炉炉衬基本是钙 - 镁系耐火材料砌筑而成，如按通常用的石灰来造渣，在初期渣形成时必然要大量夺取炉衬中的 MgO 以组成含镁硅酸盐的初期渣。这样炉衬会不断受到蚀损，从而降低了炉衬的使用寿命。

采用生白云石造渣，它是一种复盐，分子式为 $CaCO_3 \cdot MgCO_3$，受热分解为 CaO + MgO，不仅提供了（CaO），也提供了足够的（MgO），这样就可以使炉渣对炉衬的侵蚀降到最低程度，起到保护炉衬、提高炉龄的作用。

D　氧化铁皮的主要作用

（1）氧化铁皮的主要成分是氧化铁，加入熔池后它从室温提温需吸收一定的物理热。另外，氧化铁可与熔池中碳发生还原反应吸收大量热量。据资料可知，从液体 FeO 中还原出 1kg 铁需吸热 4247kJ，而从液体 Fe_2O_3 中还原出 1kg 铁需吸热 6456kJ。所以，氧化铁皮是一种冷却剂。

（2）氧化铁皮可做助熔剂使用。氧化铁皮加入熔池后增加（FeO）量，（FeO）可以使炉渣中含有 FeO 的低熔点矿物保持一定数量；（FeO）能比（MnO）更有效地使石灰外围的高熔点矿物 C_2S 松散软化；（FeO）还能渗透 C_2S 进入石灰，与石灰反应后生成低熔点的铁盐钙。所以，氧化铁皮具有很好的化渣助熔作用。

（3）氧化铁皮可供给熔池一定的氧量，也是一种氧化剂。

E　铁矿石的作用

铁矿石的主要成分是 Fe_2O_3 或 Fe_3O_4，加入熔池受热分解后得到 FeO，它的作用与氧化铁皮基本相同。

2.4.2　注意事项

（1）识别各种渣料应在现场面对实物进行观察、对比，才能取得效果。

（2）造渣材料不能误用。如将萤石误当石灰加入炉内，可能会造成大喷溅；反之，可能造成化渣极端不良或返干。

（3）吹炼高磷生铁如要回收炉渣制造磷肥的，不允许加入萤石。

2.4.3　知识点

2.4.3.1　石灰

石灰的熔化速度是转炉炼钢快速成渣的关键，因此石灰质量与炼钢工艺密切相关。近年来，国内外炼钢厂已普遍采用活性石灰，对快速成渣及加快反应速度收到了良好效果。

A　冶金石灰的规格

冶金石灰理化指标见表 2-4，某厂石灰理化指标见表 2-5。

表 2-4　冶金石灰的理化指标（YB/T 042—2004）

类　别	品级	$w(CaO)$ /%	$w(CaO+MgO)$ /%	$w(MgO)$ /%	$w(SiO_2)$ /%	$w(S)$ /%	灼减 /%	活性度(4mol/mL 40±1℃,10min)
普通冶金 石灰	特级	≥92.0	—	<5.0	≤1.5	≤0.020	≤2	≥360
	一级	≥90.0			≤2.0	≤0.030	≤4	≥320
	二级	≥88.0			≤2.5	≤0.050	≤5	≥280
	三级	≥85.0			≤3.5	≤0.100	≤7	≥250
	四级	≥80.0			≤5.0	≤0.100	≤9	≥180
镁质冶金 石灰	特级	—	≥93.0	≥5.0	≤1.5	≤0.025	≤2	≥360
	一级		≥91.0		≤2.5	≤0.050	≤4	≥280
	二级		≥86.0		≤3.5	≤0.100	≤6	≥230
	三级		≥81.0		≤5.0	≤0.200	≤8	≥200

B　活性石灰

活性石灰是在 900~1200℃ 范围内，在回转窑中焙烧而成的冶金石灰。它的特点一是成分好：$w(CaO)>94\%$、$w(SiO_2)<1\%$、$w(S)<0.05\%$；二是反应能力强：孔隙率大，可达 40%，呈海绵状；体积密度小，可达 1.7~2.0g/cm³，故其比表面积极大，达 7800cm²/g；石灰晶粒细小，所以活性石灰的熔化速度极快。

表 2 – 5　某厂石灰理化指标

项　　目		化学成分 $w/\%$						活性度（4mol/mL 40±1℃，10min）
		CaO	MgO	SiO$_2$	P	S	灼减	
		$\geqslant$	$<$	$\leqslant$	$\leqslant$	$\leqslant$	$\leqslant$	$\geqslant$
冶金石灰	特级品	92	5	1.5	0.01	0.025	2	360（活性）
	一级品	90	5	2.5	0.10	0.10	5	300
	二级品	85	5	3.5	0.15	0.15	7	250
	三级品	80	5	5.0	0.20	0.20	9	180

注：用石灰不低于二级品。

活性石灰质量的检验方法：衡量活性石灰质量好坏的指标是活性度。我国现用的活性度检验方法基本上采用德国首创的 HCl 试验法，即在 1000mL 蒸馏水中加入 0.5mL（约 5~6 滴）酚酞指示剂，当蒸馏水在 40±1℃ 时，加入 25g 石灰颗粒试样（粒度一般为 10mm），然后不断滴加 $c(\text{HCl})=4\text{mol}/\text{dm}^3$ 的溶液（4 当量浓度的 HCl），使溶液保持中性。当滴加到 10min（或 5min）时，规定要消耗多少毫升以上的 HCl（耗量越大，表示其活性度越高，活性石灰的质量越好）。活性度要求见表 2 – 4。

例： 4NHCl/360mL 40±1℃ 10min，表示当滴加到 10min 时，规定要求用去 $V(\text{HCl})\geqslant$ 360mL。

例： 4NHCl/160mL 40±1℃ 5min，表示当滴加到 5min 时，规定要求用去 $V(\text{HCl})\geqslant$ 160mL。

2.4.3.2　萤石

A　萤石的用量

萤石具有很好的助熔作用，本身也有一定的去硫作用，但值得注意的是，萤石在发挥助熔作用时，要充分考虑加入萤石带来的不良后果：CaF_2 与硫作用后形成的气体 SF_6 是一种对人体有害的气体；CaF_2 与炉衬中的 SiO_2 生成 SiF_4，这种反应起到损坏炉衬的作用；过量萤石会使炉渣流动性太好，从而加剧了炉渣对炉衬的侵蚀，降低了炉衬寿命；CaF_2 是活性物质，能降低炉渣的表面张力，有助于泡沫渣的形成和稳定，也容易造成喷溅。所以炼钢过程中萤石加入量要适宜，一般萤石加入量应小于石灰加入量的 10%（有的厂家要求小于 6%），并尽量少加甚至不加。如某厂转炉萤石用量钢不大于 4kg。

B　冶金用萤石规格

冶金用萤石成分规格要求见表 2 – 6。某厂用萤石技术条件见表 2 – 7。其技术要求为干净、干燥，无泥土、杂石等杂质；粒度小于 5mm 的不得超过 5%。

表 2 – 6　萤石成分（YB325—81）

品　级	化学成分 $w/\%$				一　般　用　途
	CaF$_2$	SiO$_2$	S	P	
	不小于	不大于			
1	95	4.7	0.10	0.06	冶炼特种钢、特种合金用
2	90	9.0	0.10	0.06	冶炼特种钢、特种合金用

品　　级	化学成分 w/%				一 般 用 途
	CaF$_2$	SiO$_2$	S	P	
	不小于	不大于			
3	85	14.0	0.10	0.06	冶炼优质钢用
4	80	19.0	0.15	0.06	冶炼普通钢
5	75	23.0	0.15	0.06	冶炼普通钢、化铁、炼铁用
6	70	28.0	0.15	0.06	化铁、炼铁用
7	65	32.0	0.15	0.06	化铁、炼铁用

表 2 - 7　某厂萤石技术条件

品　　级	化学成分 w/%				块度/mm
	CaF$_2$	SiO$_2$	S	P	
	不大于	不大于	不大于	不大于	
三级	85	14.0	0.10	0.06	5～30
四级	80	18.0	0.15	0.08	5～30

2.4.3.3　生白云石

（1）生白云石的块度要求分为 5 种规格：< 5mm，5～20mm，10～40mm，40～80mm，30～100mm。炼钢生产中块度要求在 5～40mm。

（2）冶炼用白云石成分要求。冶炼用白云石成分要求见表 2 - 8。某厂白云石等级及其化学成分要求见表 2 - 9。

表 2 - 8　白云石等级及其化学成分

级别　　　　　　　项目	化学成分 w/%		
	MgO	CaO	SiO$_2$
一级品	≥19		≤2.0
二级品	≥19		≤3.5
三级品	≥17		≤4.0
四级品	≥16		≤5.0
镁化白云石	≥22	≥6	≤2.0

注：该成分要求要符合制作耐火材料要求。

表 2 - 9　某厂白云石技术条件

项　　目	w(MgO)/%	w(CaO)/%	w(SiO$_2$)/%	粒度/mm
指　　标	≥19	≥28	≤3	5～30

2.4.3.4　氧化铁皮和矿石

（1）氧化铁皮

1）氧化铁皮的成分要求为：$\sum w(\text{FeO}) \geq 90\%$ 或 $\sum w(\text{Fe}) \geq 70\%$，$w(\text{SiO}_2) \leq 3\%$，

$w(S) \leqslant 0.10\%$，$w(H_2O) \leqslant 1.0\%$。

2）氧化铁皮的块度要求为：大于1mm，片状；须过筛去除杂物。

3）使用前要烘烤以去除其中的水分及表面的污油，保持干燥、清洁。

（2）矿石

1）成分要求：$w(TFe) \geqslant 55\%$，$w(SiO_2) \leqslant 8\%$，$w(S) \leqslant 0.1\%$，$w(P) \leqslant 0.1\%$，$w(H_2O) \leqslant 0.5\%$。

2）块度要求：一般要求40～100mm。

2.4.3.5　炉渣组元及各成分对炉渣主要性质的影响

（1）炉渣的组元

炉渣的主要组元及其主要来源和终点渣成分范围见表2-10。

表2-10　炉渣的主要组元、来源和终点渣成分范围

组　元	主　要　来　源	终渣成分范围 $w/\%$
CaO	石灰、生白云石、炉衬	35～55
MgO	生白云石、炉衬石灰	2～12
MnO	金属中锰元素的氧化等	2～8
FeO	铁的氧化，加入铁皮和矿石的分解	7～30
Al_2O_3	铁矿、石灰	0.5～4
FeO_3	FeO 的氧化，加入的铁矿石	1.5～8
P_2O_5	金属料中磷元素的氧化	1～4
SiO_2	金属料中硅的氧化、炉衬、铁矿石等	6～21
S	金属料、石灰、铁矿石等	0.05～0.4

（2）炉渣组元对炉渣碱度的影响

根据炼钢基本原理：生产上碱度 R 的表示方法有 $R = w(CaO)/w(SiO_2)$ 或 $R = w(CaO)/w(SiO_2 + P_2O_5)$，可知影响炉渣碱度的炉渣组元主要有（CaO）、（$SiO_2$）和（$P_2O_5$）等。

（3）炉渣成分对炉渣氧化性的影响

一般以炉渣中最活跃的氧化物——（FeO）的多少来衡量炉渣的氧化性，所以影响炉渣氧化性的主要成分是（FeO）。生产中一般以（FeO）含量的多少来表示炉渣氧化性的强弱。

（4）炉渣成分对炉渣熔化温度的影响

炼钢炉渣是一个多元组元体系，各种成分（化合物）的熔点又各不相同（见表2-11），因此炼钢炉渣不可能有一个固定的熔点，即炉渣不存在从固态突变到液态的一个温度，而只存在着从开始熔化到熔化完毕的一个熔化过程。这个熔化过程是在一个温度范围内完成的，其中低熔点的组元先熔化，高熔点的组元后熔化。

表2-11　炉渣成分与炉渣熔化温度的关系

组　元	CaO	MgO	SiO_2	FeO	Fe_2O_3	MnO	Al_2O_3	Cr_2O_3	CaF_2
熔点/℃	2570	2800	1728	1370	1457	1785	2050	2265	1475

（5）炉渣成分对炉渣黏度的影响

炉渣成分的变化将会引起其熔点的变化，并使炉渣结构发生变化。炉渣成分对炉渣黏度有直接影响：

1）在同一炼钢温度下，一般来讲酸性炉渣的黏度要比碱性炉渣高。

2）在酸性炉渣中，随着（SiO_2）浓度增加，炉渣黏度明显增加；如果增加碱性氧化物（如 CaO、MgO、MnO、FeO 等）以及 Al_2O_3，能使其黏度降低。

3）在碱性炉渣中，（CaO）含量到达一定量后再增加其含量，会使炉渣的黏度增加；而（SiO_2）在一定的范围内增加其含量会使黏度降低，但其含量超过某定值后，（SiO_2）形成高熔点的 $2CaO \cdot SiO_2$ 而使炉渣黏度提高；由于（FeO）、（MnO）都能生成低熔点的复合矿物，并使高熔点 $2CaO \cdot SiO_2$ 疏松软化，所以它们的含量增加均能降低炉渣黏度。

2.4.3.6　成渣过程和加快石灰熔化途径

（1）成渣过程。开吹后，铁水中铁、硅、锰、磷等元素氧化生成 FeO、SiO_2、MnO、P_2O_5 等简单氧化物，与原材料中混入的泥土、杂质和被侵蚀的炉衬以及渣料中的组分，如 CaO、MgO、MnO、FeO、SiO_2 及 CaF_2 等，在炼钢炉内高温条件下发生反应，生成各种复合矿物，如 $2CaO \cdot SiO_2$、$MgO \cdot SiO_2$、$MnO \cdot SiO_2$、$CaO \cdot Fe_2O_3$、$2CaO \cdot Fe_2O_3$、$2CaO \cdot MgO \cdot 2SiO_2$ 以及 RO 相等，从而形成了炼钢炉渣。

（2）转炉炼钢的特点是快，所以快速成渣是转炉快速炼钢的一个核心问题，加快石灰的熔化是快速成渣的关键。

1）加快石灰熔化的根本办法是提高石灰质量。所谓石灰质量，主要是指石灰中 CaO、SiO_2、S 等的含量，过烧率、块度及活性度等。石灰的质量好坏直接影响到成渣速度和炼渣质量，涉及操作、钢质、炉龄和冶炼时间等，应引起充分重视。

目前最好的方法是采用活性石灰，它的特点是品位高，反应能力强（孔隙率大、体积密度小、比表面积大、晶粒细）。

2）适当增加助熔剂用量。适量的萤石（CaF_2）有助于石灰熔化；适当增加氧化铁皮用量，增加（FeO）含量，有助于化渣；适当增加（MnO）含量，有利于改善炉渣流动性，有助于石灰加速熔化；渣中有少量的（MgO），组成低熔点的矿物即钙镁橄榄石 $CaO \cdot (Mn \cdot Mg \cdot FeO) \cdot SiO_2$。

3）提高开吹温度，加速石灰熔化。前期可以进行适当低枪位操作，提高前期氧化反应速度，快速提温以助化渣。有条件的话，可以用矿石代替废钢作为冷却剂促使石灰的熔化。

【任务实施】

（1）实施地点：转炉冶炼仿真实训室。

（2）实训所需器材

1）常用氧化剂样本 1~5 号；

2）铁合金样本 1~5 号；

3）渣料样本 1~4 号。

（3）实施内容与步骤

1）学生分组：6 人左右一组，指定组长。工作自始至终，各组人员尽量固定。

2）教师布置工作任务：学生了解工作内容，明确工作目标，制订实施方案。

3）教师通过实物、图片或多媒体分析演示，让学生观察各种样本外观和内部结构。将样本的特征填写到表2-12中。

表2-12 常用氧化剂、铁合金及渣料样本

类　别	代号	各类典型举例	供应状态	颗粒大小	使用注意事项
常用氧化剂样本	1				
	2				
	3				
	4				
	5				
铁合金样本	1				
	2				
	3				
	4				
	5				
渣料样本	1				
	2				
	3				
	4				

【知识拓展】

2.5 增碳剂的识别

2.5.1 操作步骤或技能实施

在现场，面对实物进行识别；常用的增碳剂主要有沥青焦粉、电极粉、焦炭粉、生铁等。

（1）沥青焦粉。黑色，略有光泽，颗粒状（颗粒较均匀，一般在1~3mm）。某厂沥青焦技术条件见表2-13。其沥青焦技术要求为干净、干燥、无杂质；用编织袋包装，每袋重20kg，内用塑料包装小袋，每小袋重5kg。

表2-13 某厂沥青焦技术条件

项　目	$w(C)/\%$	$w(水分)/\%$	$w(灰分)/\%$	粒度/mm
指　标	≥95	≤1.0	≤3.0	5~10

（2）电极粉。黑色，略暗淡，比焦炭粉重，粉状，颗粒度在0.5~1mm。

（3）焦炭粉。用冶金焦破碎、研磨加工而成，灰黑色粉料，颗粒度在0.5~1mm。主要用于炼钢增碳。

（4）生铁。识别方法见本书 1.1 节"废钢、铁水及生铁的识别和选用"。作为增碳剂常在出钢前或出钢过程中加入钢包。

2.5.2　注意事项

（1）增碳剂要纯。增碳剂一般是在出钢前或出钢过程中投入钢包的，如果增碳剂中杂质含量多或潮湿，将污染钢水，增加钢水中气体含量。

（2）加入方法要正确。增碳剂加入炉内时，切忌加在炉渣上，应推开炉渣，将增碳剂直接加到钢水中。在出钢过程中加增碳剂，应随钢流加入，这样可以稳定和提高回收率。

2.5.3　知识点

对增碳剂的质量要求主要有：

（1）增碳剂中的固定碳含量要高且稳定。沥青焦固定碳应在 90% 左右；电极粉固定碳一般在 85% ~ 90%；焦炭粉固定碳要求不低于 80%；生铁（如炼钢用生铁）的碳含量一般为 3.6% ~ 4.4%。

（2）杂质含量要低。电极粉灰分不大于 2%，$w(S) \leqslant 0.1\%$，$w(H_2O) \leqslant 0.5\%$；焦炭粉：灰分不大于 15%，$w(S) \leqslant 0.1\%$，$w(H_2O) \leqslant 0.5\%$。

（3）块度。粉状料的颗粒度大多在 0.5 ~ 1mm，使用前一般都装入纸袋后投入钢包中，以减少烧损和稳定回收率。

思考题 2 – 5
（1）如何识别沥青焦粉、电极粉和焦炭粉？
（2）炼钢对增碳剂及质量有什么要求？

2.6　增碳剂的选用

2.6.1　操作步骤或技能实施

（1）了解所炼钢种碳成分要求及与实际终点碳含量之间的差值。

（2）遵照工艺规定的要求选用增碳剂，一般是增碳量小的可选用含碳铁合金来调整，如尚不足可用生铁来补充；增碳量大的可选用沥青焦、电极粉、焦炭粉等。

（3）增碳前应确定钢水重量及判断钢水氧化性。

（4）增碳剂加入量的计算。

$$M_C = \frac{w[C]_{中限} - w[C]_{终} - w[C]_{合金}}{w[C]_{增} \times \eta_C} \times 1000 \qquad (2 - 1)$$

式中　　M_C——增碳剂加入量，kg/t 钢；

$w[C]_{中限}$——钢种要求的 [C] 的规格中限，%；

$w[C]_{终}$——终点时钢中 [C] 含量，%；

$w[C]_{合金}$——加入的合金带入的增碳量，%；

$w[C]_{增}$——所加增碳剂的碳含量，%；

η_C——增碳剂中碳的回收率（根据钢水氧化性及以往经验来估定），%。

（5）转炉炼钢。当增碳量不大时，要尽量选用含碳铁合金；当增碳量大时，应选用沥青焦粉、电极粉增碳。

2.6.2   注意事项

（1）增碳剂加入时注意事项见本书 2.5 节"增碳剂的识别"。

（2）增碳剂应尽量少用，特别是冶炼优质钢与合金钢时，因为增碳剂会给钢水带入杂质及气体，从而降低钢的质量，所以对增碳剂一要尽量少用，二是要用质量好的增碳剂。

2.6.3   知识点

（1）目前使用的增碳剂，其固定碳一般在 80% ~95% 之间；加入后碳的回收率一般在 80% ~90%（要视钢水氧化性而定）之间。

（2）增碳剂质量对钢水质量的影响。增碳剂质量主要是指其固定碳、硫、水分含量以及粒度等。

1）固定碳要高且稳定。若增碳剂中固定碳高，在相同增碳量下，其增碳剂的用量就少，随之而带入的杂质和气体量也就少，可以减少对钢水的污染；若增碳剂中固定碳含量稳定，增碳量就容易控制，操作稳定，钢质能得到保证。

2）增碳剂的硫含量要低。硫是钢中有害元素之一。增碳剂中硫含量低，在相同条件下带入钢水中的硫量就少，减少了钢水中硫含量，有利于提高钢的质量。

3）增碳剂中的水分要低。水在高温下会分解出氢与氧。如果增碳剂中水分高，将会增加钢中气体含量，特别是氢，会导致钢产生白点，降低钢的力学性能（特别是塑性严重恶化）。

4）增碳剂的块度要适宜。对于块状料，一般要求在 3 ~50mm 不等，太小了容易烧损，降低回收率；太大了会浮在钢水面上，不易被钢水吸收。对于粉状料，颗粒度一般在 0.5 ~1mm，使用前一般应装入纸袋后再投入钢包中。

思考题 2 –6

（1）如何选用增碳剂？

（2）增碳剂质量对钢质有何影响？

2.7   常用脱硫剂的选用

2.7.1   操作步骤或技能实施

（1）知道铁水中硫含量的标准成分及内控要求。

（2）选择所用脱硫剂的种类。

（3）根据铁水中硫元素的含量、脱硫剂的收得率，计算并确定脱硫剂的加入量。

（4）核对所选用脱硫剂种类及加入量。

2.7.2   注意事项

（1）所选用的脱硫剂一定不能受潮。

（2）所选用的脱硫剂杂质要少。

2.7.3　知识点

2.7.3.1　脱硫剂的选择

脱硫剂是决定脱硫率和脱硫成本的主要因素之一，选择脱硫剂主要从脱硫能力、成本资源、环境保护、对容器耐火材料的侵蚀、脱硫剂对操作的影响及安全等因素综合考虑。

常用的脱硫剂有电石粉、石灰粉、石灰石粉、Na_2CO_3、金属镁等。

A　CaC_2 基脱硫剂

（1）电石（CaC_2）系脱硫剂

实际脱硫用的电石是含 CaC_2 50% ~80% 的工业电石，还含有 16% ~40% 的 CaO，其余是碳。CaC_2 和 CaO 一样，吸收铁水中的硫后生成 CaS 的渣壳，脱硫过程被阻滞。所以，电石也须磨到极细（<0.12mm），但太细的 CaC_2 在铁水温度下又易烧结，利用率也不高。为此，在电石中混入一定量的石灰石粉（$CaCO_3$），其商业名称叫 CaD，目的是让其分解产生 CO_2，防止 CaC_2 烧结。

（2）电石（CaC_2）系脱硫剂的脱硫反应

电石粉是铁水脱硫预处理的主要脱硫剂，它在铁水中的脱硫反应为

$$CaC_2(s) + [FeS] = CaS(s) + [Fe] + 2[C] \quad \Delta H = -377231J/mol$$
$$CaC_2(s) + [S] = CaS(s) + 2[C]$$

（3）电石（CaC_2）系脱硫剂的脱硫特点

1）在高碳铁水中，CaC_2 分解出的钙离子与硫有极强的亲和力，因此有很强的脱硫能力，而且这个反应是放热反应，有利于减少铁水的降温。

2）脱硫生成物 CaS 的熔点为 2450℃，在铁水面形成疏松的固体渣，活度较低，有利于防止回硫，而且扒渣操作较容易，对混铁车内衬侵蚀也较轻。由于电石粉的脱硫能力强，所以耗量少，渣量也较少，还不到石灰粉脱硫渣量的一半。

3）脱硫时生成的碳除饱和溶解于铁液外，其余以石墨态析出。同时脱硫中还有少量的 CO、C_2H_2 气体，以及随喷吹气体带出的少量电石粉、石灰粉等会污染环境，必须设置除尘设备。

4）电石粉极易吸潮，在大气中与水分接触时，迅速产生如下反应：

$$CaC_2 + H_2O = CaO + C_2H_2 \uparrow$$
$$CaC_2 + 2H_2O = Ca(OH)_2 + C_2H_2 \uparrow$$

这个反应产生的 C_2H_2（乙炔）气体形成易爆气氛，应采取安全措施，同时还降低了电石粉的纯度和反应活度，因此运输和贮存时应密封防潮，在开始喷吹前再与其他脱硫剂混合。

5）生产电石粉耗能高，电耗为 4000kW·h/t，价格昂贵，为石灰的 10 多倍。

B　CaO 基脱硫剂及脱硫反应

石灰粉在铁水中的脱硫作用：

$$[FeS] + CaO(s) + [C] = [Fe] + CaS(s) + \{CO\}$$
$$2[FeS] + 2CaO(s) + [Si] = 2[Fe] + 2CaS(s) + SiO_2(s)$$

石灰粉脱硫有如下特点：

（1）当铁水中的硅氧化成 SiO_2 后，会与 CaO 生成 $CaSiO_3$，相应地耗费了有效 CaO

量，降低了脱硫效果。

（2）脱硫渣为固体渣，对耐火材料侵蚀较轻微，扒渣方便，但是渣量较大。

（3）石灰粉流动性差，在料罐中下料易"架桥"堵塞，喷吹中也易结块凝聚，故必须加强搅拌。石灰粉也极易潮解，大大恶化流动性，生成的氢氧化钙 $Ca(OH)_2$ 不但影响脱硫效果，而且污染环境。

（4）喷入的石灰粉粒表面可能会生成致密的硅酸钙（$2CaO \cdot SiO_2$），在脱硫反应中阻碍了硫向石灰粉粒中的扩散，所以脱硫效率较低，只有电石粉的 $\frac{1}{4} \sim \frac{1}{3}$。

（5）石灰粉价格低廉，在大型钢铁联合企业中还可利用石灰焙烧车间除尘系统收集的石灰粉尘。

C　石灰石粉（$CaCO_3$）

石灰石粉在铁水中热分解：

$$CaCO_3(s) \longrightarrow CaO + \{CO_2\}$$

石灰石粉脱硫有如下特点：

（1）石灰石粉受热分解出 CO_2 气体加强了对铁水的搅拌作用，喷吹中 CO_2 气泡破碎了铁水中悬浮着粉粒脱硫剂的气泡，增加了脱硫剂和铁水接触的机会，提高了脱硫能力。因而也把石灰石粉称为"脱硫促进剂"。有资料报道，用（电石粉 + 石灰石粉）作脱硫剂，比用（电石粉 + 石灰粉）作脱硫剂，脱硫效果可提高 5%。

（2）石灰石粉吹入铁水，其分解是吸热反应，分解出来的 CO_2 气体如过于集中，将使铁水产生喷溅。所以石灰石粉的使用比例受到限制，不宜过多，一般配比在 5% ~ 20% 范围内。

（3）资源丰富，价格低廉。

D　Na_2CO_3 基脱硫剂与脱硫反应

Na_2CO_3 是较早采用的一种炉外脱硫剂，其有很强的脱硫能力，熔点低，熔化成渣后流动性好，反应能力强，Na_2CO_3 的脱硫反应为：

$$Na_2CO_3(s) + [S] + 2[C] =\!=\!= Na_2S + 3CO(g)$$
$$Na_2CO_3 + [S] + [Si] =\!=\!= Na_2S(s) + (SiO_2) + CO(g)$$

分析反应的热力学性质，Na_2CO_3 有很强的脱硫能力，1350℃时用苏打粉进行铁水炉外脱硫，脱硫反应的平衡常数可达 7.7×10^{-7}%，可见 Na_2CO_3 的脱硫能力与电石粉相当，而大大高于石灰。

但是，Na_2CO_3 易蒸发生成大量烟雾，这些烟雾会污染空气，堵塞管道，加剧侵蚀；同时渣中 Na_2O 含量高，渣变得很稀，对包衬等耐火材料侵蚀严重；加之 Na_2CO_3 来源短缺，成本高，因而在使用中受到较大限制。目前各国已很少使用 Na_2CO_3 为基料的脱硫剂进行炉外脱硫。

E　镁系脱硫剂及脱硫反应

（1）镁脱硫剂的种类分析。镁脱硫剂可分为两大类：一类是散状镁，即镁粉和镁粒；另一类是块状镁，即镁锭、镁焦、钝化镁和镁丝等。散状镁是用喷吹法，即借助载气和喷枪加入铁水；块状镁是用专门的设备加入铁水，种类不同，加入设备也不同。由于在脱硫时的铁水温度条件下，镁的气化相与铁水的反应十分剧烈，因而所有种类的镁脱硫剂及其加入铁水的方式的关键在于应使镁的气化相与铁水的反应能够有控制地进行。

（2）钝化镁粒（粉），可用铣刀切削而成，其粒度小于 1mm；也可由喷雾法加工而成。为防止镁粉的猛烈气化和喷嘴的堵塞，镁粉必须与石灰等粉剂混合后才能喷入铁水。钝化镁粒（粉）表面为熔盐保护膜。与其他镁脱硫剂相比，其生产效率高，自燃温度高，易于储存和运输，可单独喷入铁水，喷吹工艺简单。

（3）镁锭，是由金属镁制成的长条状锭块，除端面外，表面涂有一层耐热材料保护层。镁锭需采用专门的设备加入铁水。此种脱硫剂为前苏联早期所采用，后来逐渐被镁粒所取代。

（4）镁丝，是将镁粉和石灰等物按一定比例混合，用铁皮包裹制成直径为 4 ~ 8mm 的镁丝，脱硫时按一定速度喂入铁水。该种脱硫剂是近年来由日本开发的。

（5）脱硫反应。以金属镁为基的脱硫剂，脱硫效率高，铁水温降小，其脱硫反应为：$Mg(g) + [S] = MgS(s)$。金属镁在 1350℃ 时，用镁粉进行铁水炉外脱硫，脱硫反应的平衡常数可达 3.17×10^3。反应达平衡时，铁水中含硫量可达 1.6×10^{-5}%，大大高于 CaO 的脱硫能力。但由于镁金属熔点低（650℃），沸点也低（1107℃），在高温下变成气态，故镁难以加入到铁水中去，需采取特殊手段加入，即采用钝化镁技术，使镁稳定，解决了镁易氧化的问题。工艺上常采用镁 - 焦、镁 - 铝、包盐镁粉等方式把镁加入铁水中，镁加入铁水后变成镁蒸气，形成气泡，使镁的脱硫反应在气 - 液相界面上进行，反应区混合均匀，大大增加了镁的脱硫效果。

（6）镁脱硫剂的优缺点

镁脱硫剂的优点是镁和硫的亲和力极高，脱硫反应主要是铁水的均相反应。对低温铁水来说，镁是最强的脱硫剂之一；用量少，对铁水带有高炉渣不敏感，因渣和脱硫反应无关，生成的渣量少，所以铁损少，而且脱硫渣没有环境问题；镁用量少，脱硫处理用的设备投资低，脱硫过程对铁水化学成分基本无影响。

镁脱硫剂的缺点是铁水中会有残留镁，造成部分镁损失；在高温下由于镁的蒸气压太高，难以控制，有时使镁的脱硫效率降低；用镁进行脱硫处理时，须用深的铁水包，以利于保证插枪深度；另外要避免镁遇湿产生危险。

综上所述，几种脱硫剂各有优缺点；CaC_2、Na_2CO_3 脱硫能力强，但由于其价格昂贵、运输存贮不便、污染金属液、侵蚀耐火材料而在实际应用中增加了处理成本，因而，使用上受到了一定限制；CaO 虽然脱硫能力低，但其价格低廉、不污染金属液、不增加耐火材料用量，同时，国外现有脱硫装置实践证明，对 CaO 进行一定技术处理，辅加少量脱硫促进剂，采用高压输送，提高其反应的动力学条件，也同样可以达到较高的脱硫效率，可使硫降低到 0.030% 以下。因此，目前国内外广泛采用以 CaO 为主料，CaF_2、Al_2O_3、镁为辅料的基于 CaO 的复合脱硫剂或纯钝化镁脱硫，在以喷吹法脱硫装置上使用，取得了非常理想的脱硫效果。

2.7.3.2　脱硫剂的组成和配比

为了降低成本，减少电石粉的消耗，脱硫剂的组成常用电石粉 + 石灰粉、电石粉 + 石灰石粉、钝化镁 + 石灰粉。脱硫剂的配比主要是根据脱硫要求和铁水条件而定。其原则是既要满足脱硫要求，又要尽量降低成本。

通常脱硫要求不高时（轻脱硫），脱硫剂中组成以石灰粉为主，脱硫成本较低；要获得低硫铁水时，以电石粉为主，使用过多的石灰粉很难达到脱硫要求，而且吹入过多的石灰粉使渣量增加、铁损增加、耐火材料侵蚀加重、混铁车排渣困难、喷枪寿命下降，以及延长处理时间等，从经济上讲并不合算。例如，某厂的脱硫剂的配比：要求处理后 $w[S] = 0.01\% \sim 0.02\%$ 时，电石粉：石灰粉 = 1：9；要求处理后 $w[S] < 0.005\%$，全部用电石粉。

2.7.3.3　脱硫剂粒度的确定

细化脱硫剂的粒度，增加反应界面，可以提高脱硫的反应速率。这在生产实践中得到证实。但是使用过细的脱硫剂不但使加工费大大增加，而且过细的脱硫剂喷入铁水中易凝聚结块，粉剂越细则与载流气体的分离越困难，部分脱硫剂随气泡上浮到渣中，或随烟气排入到除尘装置中，使脱硫剂的耗量增加，脱硫效率下降，而且不稳定，不易控制。然而粗大颗粒的脱硫剂不但反应界面小，反应速率慢，而且由于固相颗粒表面上反应产物的扩散速度较缓慢，颗粒的中间还未参加脱硫反应，它就上浮入渣中，也使脱硫剂反应效率下降。因此，脱硫剂的粒度要合适。作为主要脱硫剂的电石粉，其粒度要求为 1 ~ 0.1mm。

我国某钢厂所用脱硫剂的技术条件如表 2 – 14、表 2 – 15 所示。

表 2 –14　电石粉的技术条件

粒度/mm	$w(CaC_2)$/%	$w(CaO)$/%	密度/t·m^{-3}
– 0.1（占90%）	大于75%（折合 C_2H_2 气体发生量大于275L/kg）	10 ~ 15	0.95

注：CaC_2 粉的纯度用 C_2H_2 气体发生量进行评定，每 1kg 纯 CaC_2 粉的 C_2H_2 气体发生量为 366L（国内测定标准为 360L）。

表 2 –15　石灰粉的技术条件

粒度/mm	$w(CaO)$/%	$w(SiO_2)$/%	$w(S)$/%	密度/t·m^{-3}
<0.2（占80%）	>91.3	<2.8	<0.025	1.0

2.7.4　铁水炉外脱硫的评价指标

对铁水预处理脱硫工艺及脱硫剂的脱硫效果，必须进行评定，现对几个评定指标的含义作简单介绍。

2.7.4.1　脱硫率或称脱硫效率（η_S）

$$\eta_S = \frac{w[S]_{前} - w[S]_{后}}{w[S]_{前}} \times 100\% \qquad (2-2)$$

式中　η_S——脱硫效率，%；

　　$w[S]_{前}$——处理前铁水原始含硫量，%；

　　$w[S]_{后}$——处理后铁水含硫量，%。

η_S 明显地反映出脱硫工艺对铁水脱硫的直接影响，是工艺操作中很重要的参数。但此值并未表示脱硫剂的使用效果。

2.7.4.2　脱硫剂的反应效率（$\eta_{脱硫剂}$）

为了比较脱硫工艺中脱硫剂参与脱硫反应的程度，用脱硫剂的理论消耗量（$Q_{理}$）和

实际消耗量（$Q_实$）的比值表示。即

$$\eta_{脱硫剂} = \frac{Q_理}{Q_实} \times 100\% \tag{2-3}$$

现以电石粉的反应效率 $\eta_{电石粉}$ 为例：

$$CaC_2 + S =\!=\!= CaS + 2C$$

$$\eta_{电石粉} = \frac{1000 \times (w[S]_前 - w[S]_后) \times \frac{64}{32}}{Q_{电石粉} \times K} \tag{2-4}$$

式中　64——CaC_2 的相对分子质量；

　　　32——S 的相对原子质量；

　　$Q_{电石粉}$——电石粉单耗，kg/t（铁水）；

　　　K——电石粉纯度，%。

一般来说，脱硫剂的反应效率不太高，电石粉的反应效率为 20% ~ 40%，而石灰粉的反应效率仅 5% ~ 10%。

2.7.4.3　脱硫剂效率（K_S）

假设在脱硫过程中，脱硫剂效率 K_S 保持不变。则

$$K_S = \frac{\Delta w[S]}{W} = \frac{w[S]_前 - w[S]_后}{W} \tag{2-5}$$

式中　K_S——脱硫剂效率，%/kg；

　　　W——脱硫剂用量，kg。

脱硫剂效率 K_S 就是单位脱硫剂的脱硫量，此值虽然比较粗略，但在实际操作中却很有用。在掌握了一定操作条件下的经验数据后，就可以根据所要求的脱硫量，控制脱硫剂的用量。

思考题 2-7

（1）脱硫剂的种类？

（2）脱硫剂的作用？

（3）如何选用脱硫剂？

（4）脱硫剂的特点？

【自我评估】

（1）炼钢用造渣材料有哪些种类，如何识别？

（2）如何选用造渣材料？

（3）各种渣料的作用？

（4）如何加快石灰的熔化？

【评价标准】

按表 2-16 进行评价。

表 2 – 16　评价表

考核内容	内　容	配分	考核要求	计分标准	组号	扣/得分
项目实训态度	1. 实训的积极性； 2. 安全操作规程遵守情况； 3. 遵守纪律情况	30	积极参加实训，遵守安全操作规程，有良好的职业道德和敬业精神	违反操作规程扣20分； 不遵守劳动纪律扣10分	1	
					2	
					3	
					4	
					5	
氧化剂外观及特点	1. 从外观判别元素组成； 2. 叙述氧化剂使用注意事项	30	能根据样本外观进行冶炼选用	从外观判别元素组成20分； 叙述使用注意事项10分	1	
					2	
					3	
					4	
					5	
铁合金的选取和使用	1. 从外观判别元素组成； 2. 叙述氧化剂使用注意事项	40	能根据样本外观进行冶炼选用	从外观判别元素组成20分； 叙述使用注意事项20分	1	
					2	
					3	
					4	
					5	
合　计		100				

学习情境2　转炉炼钢计算机仿真系统及基本操作

任务3　转炉炼钢计算机仿真概况

【任务描述】

通过对转炉炼钢计算机仿真技术的介绍，了解现代信息科学技术在冶金行业特别是钢铁冶炼方面的运用和发展趋势。

【任务分析】

技能目标：

能够使用计算机查询相关资料，对资料进行归纳和整理。

知识目标：

了解仿真技术在钢铁冶炼生产方面的运用情况和软件运行的相关知识。

【知识准备】

3.1　转炉冶炼计算机仿真的技术背景

随着现代信息技术与网络技术在高等院校专业教学领域中日渐广泛的运用，高校综合模拟仿真实训教学体系也开始有了一定的发展，仿真实训教学模式自应用开展以来，表现出了强大的吸引力，对于人才的培养起到了不可替代的作用。冶金类专业作为工科专业，对学生的动手能力、工程实训能力具有较高的培养要求，开发冶金类专业的仿真实训教学平台系统，具有重要的现实意义。

仿真实训教学模式是工科教学的重要环节。工科专业的特点是培养工程应用型人才，实训教学在工科教学中具有举足轻重的作用。而随着生产技术的变革和人才培养模式的发展，现场实训面临很多问题，仿真实训教学应运而生，并在世界范围内得到迅速发展。

3.1.1　转炉冶炼计算机仿真的特点

（1）仿真实训教学的特点：

1）实现理论与实践结合；

2）将科学原理量化成为控制模型；

3）控制模型转化模拟实训平台；

4）最终将实训平台可以手动控制，实现人机交互。

（2）该仿真软件的创新点

冶金工程专业是典型的工科专业，本科的培养目标明确要求学生具有较强的工程实训能力。因学生人数的扩招和企业现场接待能力和接待意愿的降低，传统的认识实习甚至是生产实习，面临"走过场、走形式"的窘境。基于以上现实，钢铁冶金仿真实训教学平台实现了：

1）冶金原理（冶金物理化学、传输原理、凝固理论等）与转炉、精炼、连铸等工业实际相结合；

2）以冶金热力学、动力学、反应工程学理论为基础，形成炼钢、精炼、连铸控制模型；

3）将转炉炼钢工艺模型、LF炉精炼模型、连铸凝固和冷却模型转化为模拟实训平台，补充学生对理论如何应用以及对生产现场认识的不足。

针对目前冶金类院校的教学难点及冶金企业对员工的操作培训的要求，有关转炉仿真冶炼软件开发方进行了大量的调研，经多方密切合作研发，制作了钢铁生产仿真实训软件——JHBY6000系列软件。该软件是基于国内大部分钢铁企业工业生产现场真实使用的控制软件和操作软件生成的仿真实训系统。该软件移植再现了生产现场的工序操作，与现场生产操作有着高度的一致性。培养学员在实际操作设备前，能够用较短的时间熟练掌握设备操作技能及熟悉工艺流程；通过软件反复练习模拟操作，能克服真机无法真实操作、实际操作设备时容易出现事故等缺陷，达到熟能生巧的目的，极大地提高了培训效率。学员通过该软件的培训之后，可以在极短的时间内就能适应真实的现场岗位操作，缩短企业的员工培训周期。通过学习软件的"形象化教学、贴近现场、强化实训"等内容，提高学员的实际操作技能，还能避免理论与实际脱节的现象，为钢铁企业培养大批的基本知识扎实、实际操作能力强的优秀人才。

3.1.2 转炉冶炼计算机仿真系统介绍

JHBY6000系列软件是由北京科技大学提供冶金工艺技术指导，由河北工业职业技术学院材料系提供相关高职院校冶金专业教学的要求，由国内相关冶金企业提供实际生产现场的相关参数及操作工艺要求，并与实际生产经验十分丰富的工长、炉长密切交流，由北京金恒博远冶金技术发展有限公司专业团队经过数年努力精心制作完成。

3.1.2.1 全流程模拟

钢铁冶金生产流程中主要的工艺过程包括烧结、高炉炼铁、转炉炼钢（电炉炼钢）、二次精炼、连续铸钢等环节。钢铁冶金仿真实训平台就是对上述过程分别进行硬件和软件的构建，通过仿真技术的应用，将上述整个工艺流程中的生产现场搬到教室，学生在教室内平台上操作。平台包含主控室和仿真实训实验室，主控室根据钢铁生产的流程，建立一整套全流程仿真实训系统；在仿真实训实验室内建立多台计算机局域网，每台计算机上可以分别仿真模拟不同的工艺过程。两种形式都从实际意义上真正实现了实训室模拟炼钢。

3.1.2.2 真实再现现场

仿真中控室平台操作界面和操作台硬件布置，均采用与现场完全一致的形式，使仿真实训教室具有现场真实性。随着摄影技术和图像处理技术的进步，现场高清摄像可以对现场生产全过程进行高清录制，学生在实训中可以选择观看学习。2D、3D技术的发展，为进一步将现场场景、工艺细节搬进教室提供了有力的技术手段。通过采用这些技术，在仿真实训室营造出浓厚的现场氛围，使学生身临其境，仿佛置身于钢铁生产现场，增强感染力和震撼力。

3.1.2.3　人机交互

人机交互，是一门研究系统与用户之间的交互关系的学问。系统可以是各种各样的机器，也可以是计算机化的系统和软件。人机交互界面通常是指用户可见的部分。用户通过人机交互界面与系统交流，并进行操作。人机交互界面的设计包含学生对系统的理解，本平台软件系统开发的界面友好，简明易学，方便学生掌握。学生在界面上可以输入各类参数的不同数值，后台程序进行即时运算，实时通讯，实时显示学生的操作结果，增强学生学习的直观性、趣味性。

3.1.2.4　正常工况与异常工况

在现场操作过程中，大多数工况处于正常状态，然而有时因原辅材料的变化，设备状态的异常、操作过程的变化、生产调度的调整等等，生产有时处于异常工况。现场对于异常工况的处理十分重视，这也是控制生产事故，提高产品合格率，节约生产成本必须考虑的因素。而现场实习时，异常工况出现的概率较低，学生无法接触到相关的知识，本平台建有异常工况再现，是现场生产实习无法比拟的，扩展了学生的视野。

3.1.2.5　最新的科研成果为教学服务

平台充分利用北京科技大学在钢铁冶金方面的传统优势，将钢铁冶金方面的最新科研成果应用到实训教学平台上。实现在高校实训教室内计算机模拟炼钢，充分发挥学生的主动性和能动性，同时增加了教学的趣味性。转炉炼钢仿真实践系统包含以下内容和模块：装料模型、氧枪控制模型、造渣模型、温度控制与预报、终点控制模型、转炉合金模型、转炉炼钢仿真实践控制模型等。

3.1.2.6　拓展学生的专业认识和实操能力，满足职业技能鉴定要求

（1）加强教学和实践的连接，将生产现场搬到模拟仿真平台上，通过画面、视频再现现场的环境和操作；

（2）由于认识实习和生产实习面临的困难，带来了学生对现场认知的困难，平台可以有效解决这一困难，为专业课的学习打下坚实的基础；

（3）仿真实训教学不是现场的简单重复，通过工艺模型的建立，后台支持大量的现场数据库，可实现对工艺过程的反复学习和实训；通过新的教学平台和模式提高学生学习积极性和主动性，加强对专业知识的吸收能力，促进学生全面发展，达到人才培养目标。

（4）各个仿真系统都包含两个考核模块，分为知识考核和操作考核，完全可以进行职业技能鉴定。

【任务实施】

（1）实施地点：转炉冶炼仿真实训室。

（2）实训所需器材：转炉冶炼计算机仿真操作系统。

（3）实施内容与步骤

1）学生分组：4人左右一组，指定组长。工作自始至终各组人员尽量固定。

2）教师布置工作任务：学生了解工作内容，明确工作目标，制订实施方案。

3）教师通过仿真操作演示、视频或多媒体分析演示让学生了解转炉冶炼仿真系统（见图 3 - 1）。

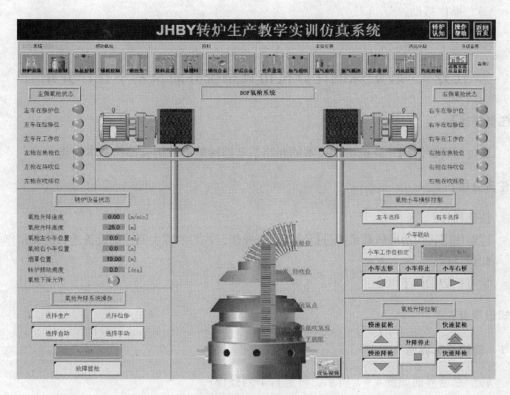

图 3 - 1　转炉冶炼仿真系统控制界面

将学习内容填写到下面的表 3 - 1 空白处。

表 3 - 1

序号	什么是计算机仿真技术，有哪些优势和发展趋势？ 转炉冶炼仿真有哪些优点，又有哪些不足？
1	
2	
3	
4	
5	

【知识拓展】

3.2　转炉冶炼仿真冶炼网络资源

关于转炉炼钢仿真，网络上有许多资源可以共享，下面列出主要的三个网络：

（1）在线虚拟钢厂：

http：//www. steeluniversity. org/content/html/chi/default. asp？catid = &pageid = 1016899460

（2）钢铁大学介绍：

http：//baike. baidu. com/link？url = BkOUcMIZ0C6wVxftbYazlGbH1fNCoXyA8TuW6HeWr-U3dJuIVOenjdZotoX1ThWPN4ojn4Row3aXsDJJIplJ1ha

（3）操作帮助：

http：//www. steeluniversity. org/content/html/chi/BOS_ UserGuide. pdf

任务4　转炉炼钢计算机仿真系统界面及基本操作介绍

【任务描述】

通过对转炉炼钢计算机仿真技术的介绍，掌握转炉冶炼仿真操作基本技能。

【任务分析】

技能目标：

能够使用转炉冶炼仿真系统进行冶炼仿真操作，并对冶炼主要控制设备进行仿真操作。

知识目标：

学习转炉冶炼五大制度。

【知识准备】

4.1　转炉总览界面

转炉总览界面如图4-1所示，可进行下列操作：

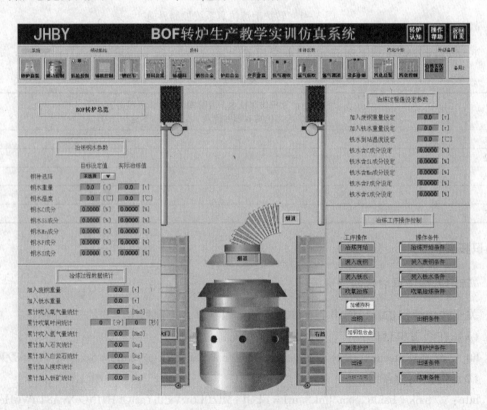

图4-1　转炉总览界面

（1）在该界面下，在右下角【冶炼工序操作控制】菜单中，实施冶炼工序操作的控制，共 8 种工序模式，分别是【冶炼开始】、【装入废钢】、【装入铁水】、【吹氧冶炼】、【出钢】、【溅渣护炉】、【出渣】、【冶炼结束】（在考核操作时为【结束考核】模式）。当工序模式按钮右侧操作条件按钮显示绿色时，可有效点击选取该工序模式；如果操作条件按钮显示灰色，可点击该按钮，查看条件不满足的原因（考核操作状态下点击无效），对于不满足的条件，可直接点击文字上方按钮，打开相应操控界面。

（2）左上角【冶炼钢水参数】菜单中，在【冶炼开始】工序模式下，可点击【钢种选择】右侧小按钮，选取准备冶炼的钢种，根据该钢种，将自动生成相应的钢种目标成分以及需要的废钢、铁水重量以及铁水成分。实际冶炼中将在冶炼中显示各钢水实际冶炼参数信息。

（3）左下角【冶炼过程数据统计】实时显示冶炼过程中的各数据参数。

（4）炼钢设备状态在界面中实时动态显示。

4.2　汽化总览界面

汽化总览界面如图 4-2 所示，操作内容详见图例。

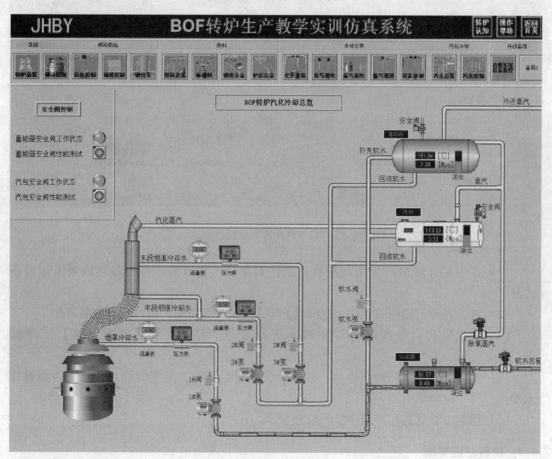

图 4-2　汽化总览界面

4.3　汽化冷却控制界面

汽化冷却控制界面如图 4 - 3 所示。

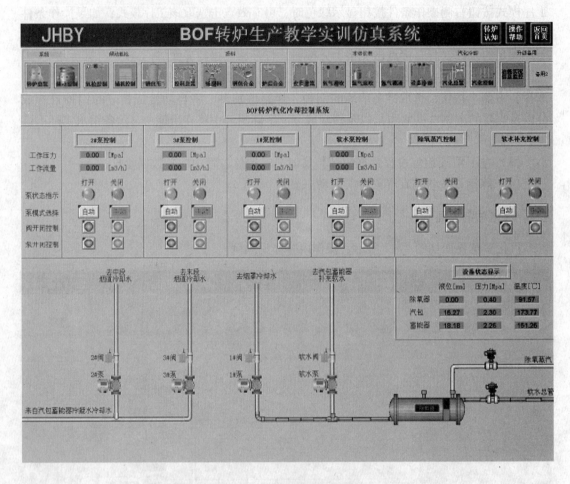

图 4 - 3　汽化冷却控制界面

（1）在中侧【转炉汽化冷却控制系统】菜单中，实时显示各冷却蒸汽泵工作设备状态。

（2）点击各按钮做相关动作。选择【自动】，在冶炼期间，蒸汽自动控制调剂。

（3）联锁条件：各汽化冷却泵阀未选择自动，无法实施【吹氧冶炼】工序操作；

（4）手动开关各泵开启顺序为：开启时先开泵后开阀，关泵时顺序相反，否则操作无效。

（5）炼钢设备状态在界面中实时动态显示。

4.4　仪表总览界面

仪表总览界面如图 4 - 4 所示，转炉本体仪表设备状态在界面中实时动态显示。

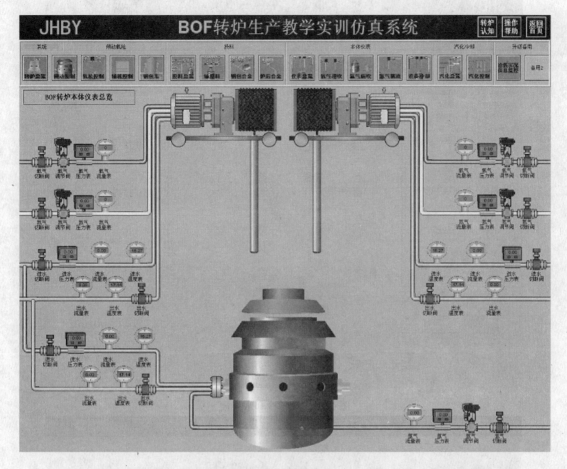

图 4 - 4　仪表总览界面

4.5　设备冷却水界面

设备冷却水界面如图 4 - 5 所示，操作项目如下：

（1）在左、右上侧、右下侧【冷却水状态显示】菜单中，实时显示氧气、转炉冷却水开闭设备状态。

（2）点击各按钮做相关动作。选择【自动】，在冶炼期间，冷却水将自动开闭。

（3）联锁条件：各设备冷却水未选择【自动】，将无法实施【吹氧冶炼】工序操作。

（4）各设备冷却水出水温度与设备工作状态有关。

（5）炼钢设备状态在界面中实时动态显示。

4.6　溅渣护炉界面

溅渣护炉界面如图 4 - 6 所示，操作项目如下：

（1）在左、右中侧【氧枪氮气开闭阀控制】菜单中，实时显示氮气开闭设备状态。点击各按钮做相关动作。选择【自动】，在溅渣护炉期间，氧枪降至待吹位以下时，氮气将自动开闭。

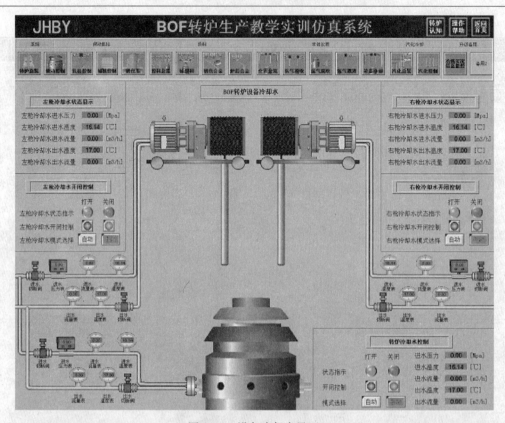

图 4 – 5　设备冷却水界面

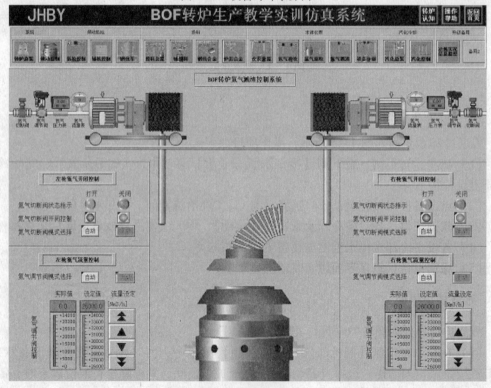

图 4 – 6　溅渣护炉界面

（2）在左、右下侧【氧枪氮气流量控制】菜单中，实时显示氮气流量设备状态。点击各按钮做相关动作。选择【自动】，在冶炼吹氧期间，氧枪流量自动控制，选择手动时，可通过流量设定按钮调控氮气设定流量。

（3）联锁条件：氧枪小车必须处于工作位，氧枪关闭后方可打开氮气；氮气与氧气阀不能同时打开。

（4）炼钢设备状态在界面中实时动态显示。

4.7　氩气底吹界面

氩气底吹界面如图4-7所示，操作项目如下：

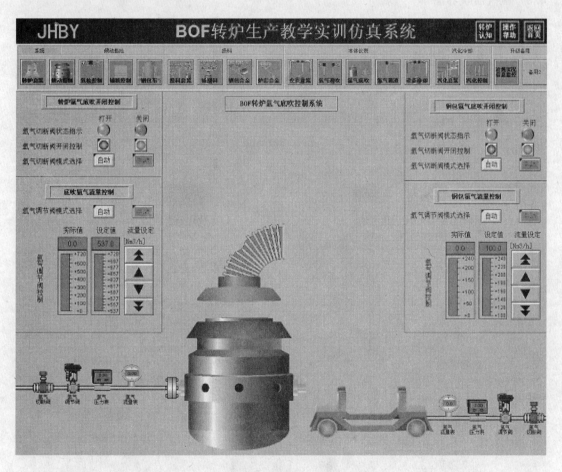

图4-7　氩气底吹界面

（1）在左上侧【转炉氩气底吹开闭阀控制】菜单中，实时显示氩气开闭设备状态。点击各按钮做相关动作。冶炼期间，应将氩气底吹选择【自动】，此期间，氩气将自动开闭。

（2）在左中侧【底吹氩气流量控制】菜单中，实时显示氩气流量设备状态。点击各按钮做相关动作。选择【自动】，在冶炼期间，氩气流量自动控制；选择【手动】时，可通过流量设定按钮调控氩气设定流量。

（3）在右上侧【钢包氩气底吹开闭阀控制】菜单中，实时显示氩气开闭设备状态。点击各按钮做相关动作。出钢期间，应将氩气底吹选择【自动】，此期间氩气将自动开闭。

（4）在有中侧【钢包氩气流量控制】菜单中，实时显示氩气流量设备状态。点击各按钮做相关动作。选择【自动】，在冶炼期间，氩气流量自动控制，选择【手动】时，可通过流量设定按钮调控氩气设定流量。

（5）联锁条件：钢包必须装入钢水，方可打开钢包氩气。

（6）炼钢设备状态在界面中实时动态显示。

4.8　氧气顶吹界面

氧气顶吹界面如图 4-8 所示，操作项目如下：

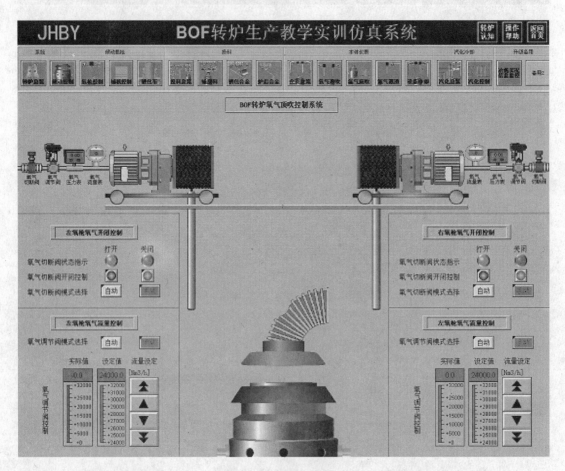

图 4-8　氧气顶吹界面

（1）在左、右中侧【氧枪氧气开闭阀控制】菜单中，实时显示氧气开闭设备状态。点击各按钮做相关动作。

（2）在冶炼吹氧期间，氧枪小车处于工作位的氧枪，氧气开闭控制模式选择【自动】，氧枪降至待吹位以下时，氧气将自动打开，氧枪升至待吹位以上时，氧气将自动关闭。

（3）在左、右下侧【氧枪氧气流量控制】菜单中，实时显示氧气流量设备状态。点击各按钮做相关动作。

（4）在冶炼吹氧期间，选择【自动】，当氧枪降至待吹位以下时氧枪流量自动控制，选择手动时，可通过流量设定按钮调控氧气设定流量。

（5）联锁条件：氧枪小车必须处于工作位，氧枪方可打开氧气；氧气与氮气不能同时打开。

（6）炼钢设备状态在界面中实时动态显示。

4.9　倾动控制界面

倾动控制界面如图4－9所示，操作项目如下：

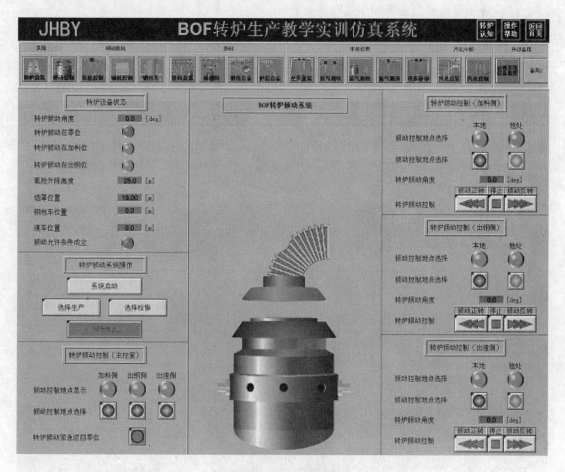

图4－9　倾动控制界面

（1）在该界面下，在左侧【转炉设备状态】菜单中，实时显示倾动相关设备状态。

（2）在左侧【转炉倾动系统操作】菜单中，点击【系统启动】按钮，倾动设备进入工作状态。点击【选择生产】、【选择检修】按钮，进入不同的倾动控制模式，检修模式下，设备工作拥有较高权限，部分设备联动条件封锁，生产期间，应避免选择该模式。点击【系统休止】，倾动控制退出工作状态。

（3）在左侧【转炉倾动控制（主控室）】点击倾动控制地点选择不同的操作地点，将控制权交付相应的控制地点。在【选择生产】状态下，控制权交付权限受不同工序状态限制。点击【转炉倾动紧急返回零位】按钮，无论什么状态，倾动将紧急返回零位，并退出工作状态。

（4）在右侧【转炉倾动控制】菜单中，点击【本地】、【他处】按钮以获取或放弃控制权，当获取控制权后，方可对转炉实施有效倾动操作。点击【倾动正转】、【倾动反转】按钮，转炉将正向或反向运转，多次点击，将获取不同的回转速度。点击【停止】按钮，倾动回转停止。

（5）倾动回转条件：工作位氧枪升至待吹位以上，倾动方可回转；烟罩位于上限位，倾动方可回转；挡火门位于打开位，倾动方可回转。

（6）炼钢设备状态在界面中实时动态显示。

4.10　氧枪控制界面

氧枪控制界面如图 4-10 所示，操作项目如下：

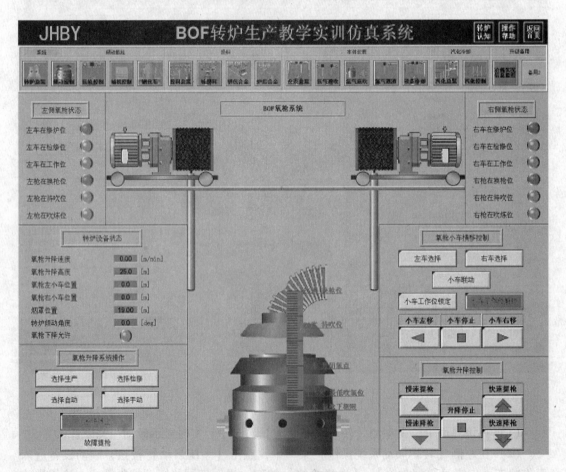

图 4-10　氧枪控制界面

（1）在该界面下，在左、右上侧【氧枪状态】菜单中，实时显示左右氧气相关设备状态。

（2）在左上侧【转炉设备状态】菜单中，实时显示氧枪相关设备状态。

（3）在左下侧【氧枪升降系统操作】菜单中，点击【选择生产】、【选择检修】按钮，进入不同的氧枪升降控制模式，检修模式下，设备工作拥有较高权限，部分设备联动条件封锁，生产期间，应避免选择该模式。点击【选择自动】后，通过点击右下角【氧枪升降控制】各按钮氧枪将自动升降至下一工作位后停止。点击选取【选择手动】，通过点击右下角【氧枪升降控制】各按钮实施氧枪点动升降。点击【系统休止】，氧枪升降控制退出工作状态。点击【故障】按钮，无论什么状态，氧枪将紧急上升至待吹位，并退出工作状态。

（4）在右侧【氧枪小车横移控制】菜单中，点击【左车选择】、【右车选择】，选取小车控制。点击【小车联动】，左右小车处于联动状态，再次点击，联动状态解除。氧枪小车共三个位置，分别是修炉位、检修位、工作位，小车每行走至下一工位后，将自动停止运行。

（5）在右下侧【氧枪升降控制】菜单中，实施氧枪升降手动控制，分为高速低速两种速度。

（6）氧枪升降联锁条件：倾动不在零位，禁止氧枪降至待吹位以下；烟罩不在下线，禁止氧枪降至待吹位以下。

（7）氧枪小车行走时，两车距离过近，无法进一步相对运行。小车处于工作位时，小车解锁后方可移动，氧枪小车处于工作位并锁定后氧枪方可升降。

（8）炼钢设备状态在界面中实时动态显示。

4.11 辅机控制界面

辅机控制界面如图4-11所示，操作项目如下：

（1）在左上侧【挡火门开闭控制】菜单中，实时显示挡火门相关设备状态。点击各按钮做相关运动。点击【选择联动】按钮，各挡火门将处于联动状态，即：操作任一侧挡火门，两侧挡火门将同时打开或关闭。

（2）挡火门联锁条件：转炉倾动不在零位，挡火门不允许关闭。挡火门没有打开，倾动不允许回转。

（3）在左上侧【烟罩升降控制】菜单中，实时显示烟罩相关设备状态。点击各按钮做相关运动。

（4）烟罩联锁条件：倾动不在零位，禁止烟罩下降；氧枪位于待吹位以下，禁止烟罩上升；烟罩不在下限，禁止氧枪降至待吹位以下；烟罩不在上限，禁止转炉倾动回转。

（5）在左上侧【主控室卷帘门控制】菜单中，实时显示卷帘门相关设备状态。点击各按钮做相关运动。

（6）炼钢设备状态在界面中实时动态显示。

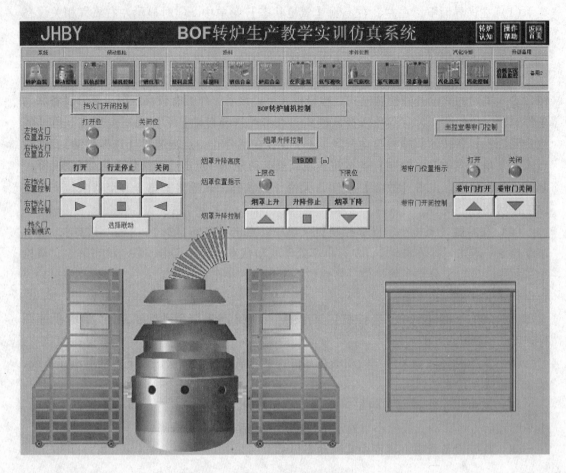

图 4 – 11　辅机控制界面

4.12　钢包车控制界面

钢包车控制界面如图 4 – 12 所示，操作项目如下：

（1）在左上侧【钢包车行走控制】菜单中，实时显示钢包车相关设备状态。点击各按钮做相关运动。钢包车必须处于炉后位时，方可装入、吊出钢包。

（2）在左上侧【渣车行走控制】菜单中，实时显示渣车相关设备状态。点击各按钮做相关运动。渣车必须处于渣场位时，方可装入、吊出渣斗。

（3）两车之间设有碰撞保护，当距离过近时，碰撞保护激活，禁止进一步相向运动。

（4）出钢期间，界面将实时显示转炉中剩余钢水和钢包中钢水重量。

（5）出渣期间，界面将实时显示转炉中剩余钢渣和渣盆中钢渣重量。

（6）炼钢设备状态在界面中实时动态显示。

4.13　投料总览界面

投料总览界面如图 4 – 13 所示，投料设备状态在界面中实时动态显示，相关操作见图中按钮。

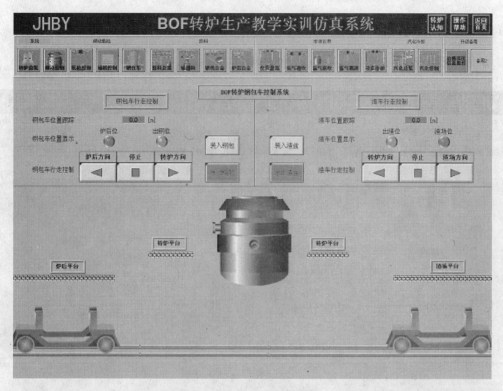

图 4 – 12　钢包车控制界面

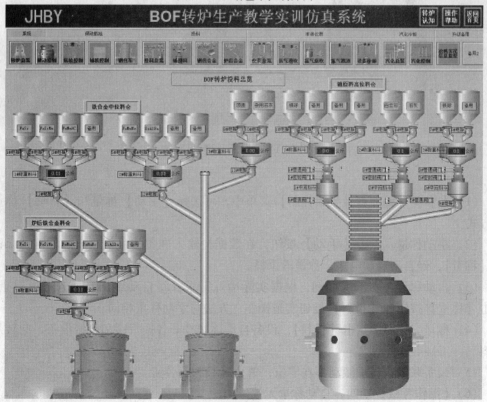

图 4 – 13　投料总览界面

4.14　辅原料投料界面

辅原料投料界面如图 4 – 14 所示，操作项目如下：

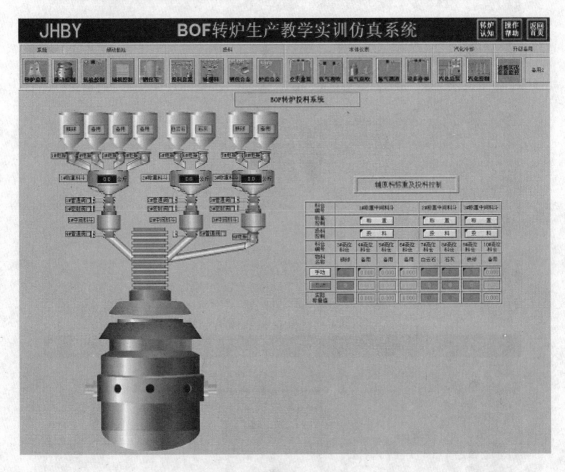

图 4 – 14　辅原料投料界面

（1）在右侧【辅原料及投料控制】菜单中，可选择【手动】称量和【自动】称量两种方式。

（2）手动称量：点击【手动】按钮，在数据栏输入准备称量值，按回车键结束；点击【称量】，经自动启动电振，称量辅原料。

（3）自动称量：在冶炼期间，根据实际冶炼需求，将自动给出应加入辅原料重量，点击【称重】按钮和【投料】按钮实施操作，方法与手动称重相同。

（4）称量完毕后，点击【投料】，设备自动逐次打开各插板阀和电振设备，向转炉内投料。

（5）设备联锁：转炉倾动不在零位，禁止【投料】作业。

（6）【操作考核】期间，自动称量无效。

（7）炼钢设备状态在界面中实时动态显示。

4.15 钢包合金投料界面

钢包合金投料界面如图4-15所示,操作项目如下:

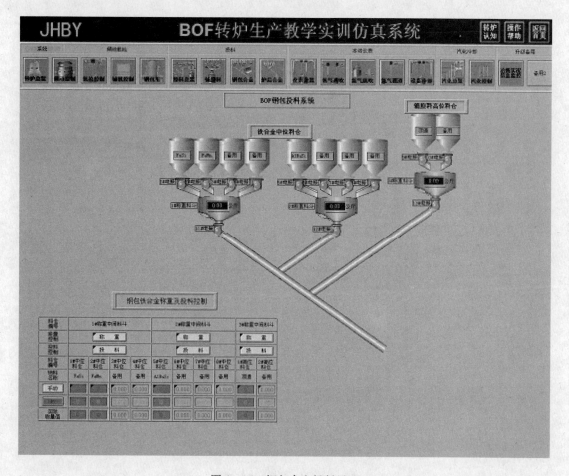

图4-15 钢包合金投料界面

(1)在左侧【钢包铁合金称重及投料控制】菜单中,可选择【手动】称量和【自动】称量两种方式。

(2)手动称量:点击【手动】按钮,在数据栏输入准备称量值,按回车键结束,点击【称重】,经自动启动电振,称量铁合金。

(3)自动称量:在出钢期间,根据实际冶炼需求,将自动给出应加入铁合金重量,点击【称重】按钮和【投料】按钮实施操作,方法与手动称重相同。

(4)称量完毕后,点击【投料】,设备自动逐次打开各插板阀和电振设备,向钢包内投料。

(5)【操作考核】期间,自动称量无效。

(6)设备联锁:钢包没有装入或钢包车不在位置时,禁止【投料】作业。

(7)炼钢设备状态在界面中实时动态显示。

4.16　炉后合金投料界面

炉后合金投料界面如图 4 – 16 所示，操作项目如下：

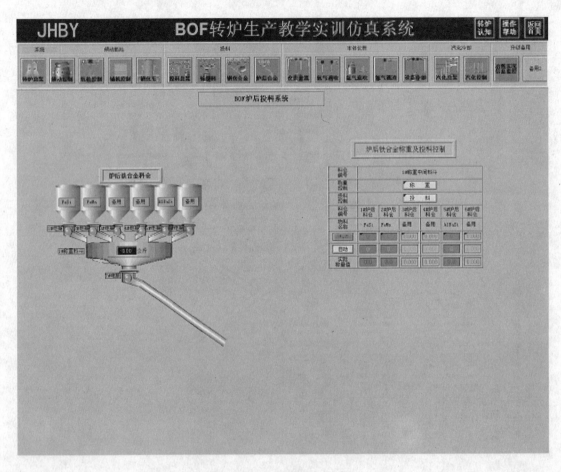

图 4 – 16　炉后合金投料界面

（1）在右侧【炉后铁合金称重及投料控制】菜单中，可选择【手动】称量和【自动】称量两种方式。

（2）手动称量：点击【手动】按钮，在数据栏输入准备称量值，按回车键结束，点击【称重】，经自动启动电振，称量铁合金。

（3）自动称量：炉后铁合金操作自动称量设置无效。

（4）称量完毕，点击【投料】，设备自动逐次打开各插板阀和电振设备，向钢包内投料。

（5）设备联锁：钢包没有装入或钢包车不在炉后位时，禁止【投料】作业。

（6）炼钢设备状态在界面中实时动态显示。

【任务实施】

（1）实施地点：转炉冶炼仿真实训室。

（2）实训所需器材

1）转炉冶炼计算机仿真操作系统；

2）安全生产防护装具；

3）生产计划任务单；

（3）实施内容与步骤

1）学生分组：4人左右一组，指定组长。工作自始至终各组人员尽量固定。

2）教师布置工作任务：学生了解工作内容，明确工作目标，制订实施方案。

3）教师通过仿真操作演示、视频或多媒体分析演示让学生了解冶炼全过程。

将操作要点填写到下面的表 4－1 中。

表 4－1　操作记录单

序号	岗位操作记录及安全操作要点
1	
2	
3	
4	
5	

【评价标准】

按表 4－2 进行评价。

表 4－2　评价表

考核内容	内容	配分	考核要求	计分标准	组号	扣/得分
项目实训态度	1. 实训的积极性； 2. 安全操作规程遵守情况； 3. 遵守纪律情况	30	积极参加实训，遵守安全操作规程，有良好的职业道德和敬业精神	违反操作规程扣20分； 不遵守劳动纪律扣10分	1	
					2	
					3	
					4	
					5	
软件基本操作	1. 会初始化各项生产参数； 2. 能基本完成转炉冶炼仿真实训全部流程	30	掌握基本冶炼操作	系统初始化操作10分； 基本冶炼操作20分	1	
					2	
					3	
					4	
					5	
安全生产	学习冶炼岗位安全操作规程	40	能根据异常工况和危险工况采取相应处置措施	根据异常工况和危险工况采取相应处置措施40分	1	
					2	
					3	
					4	
					5	
合　计		100				

学习情境 3　典型钢种的计算机仿真操作 I

任务 5　冶炼 45 号钢的计算机仿真操作

【任务描述】

通过在计算机上运行转炉冶炼仿真软件对典型钢 45 号钢仿真操作，掌握转炉冶炼仿真操作要领，熟悉冶炼前的准备工作，对 45 号钢种的冶炼的操作步骤、冶炼注意事项和安全生产等内容进行仿真操作训练。

【任务分析】

技能目标：

(1) 熟悉冶炼前的准备工作，并选取操作用具；

(2) 据所炼钢种的要求选用合适的冶炼方法、设备和原材料；

(3) 会进行转炉冶炼的物料和热平衡计算。

知识目标：

转炉冶炼过程所需的物理化学知识。

【知识准备】

5.1　操作用具的准备

5.1.1　操作步骤及技能实施

接班时，应按岗位分工对炉前、炉后定点放置和个人保管的各种操作用具进行检查、清点配齐并进行维护。

5.1.1.1　炉前用具

炉前用具（如图 5-1 所示）。

取样瓢 2~3 只；补炉长瓢 2 只；补炉短瓢 1 只；刮板 2 块；撬棒 2 根；竹片条 1 根；铝条数根；样模 2 只；铁锹数把；长钢管 1 根；测温枪 1~2 支，并配有多支热电锅头和纸质维套管；合金料桶或运料小车数只（略）；吹氧管适量（同炉后）；榔头 1 把（同炉后）。

5.1.1.2　炉后用具

炉后用具（如图 5-2 所示）有：

补炉长瓢（与炉前共用）；补炉短瓢（与炉前共用）；撬棒（与炉前共用）；长撬棒 1 根；泥塞棒 1 根；氧气皮管，氧气管适量（与炉前共用）；铁锹 1 把；榔头 1 把（与炉前共用）；出钢口塞多个；挡渣球多个；火泥适量。

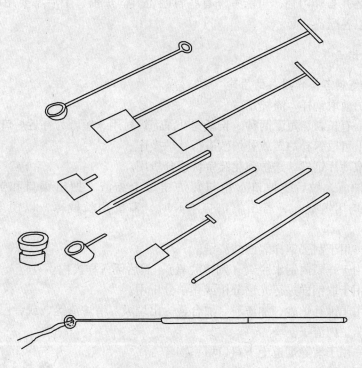

图 5 - 1　炉前用具示意图

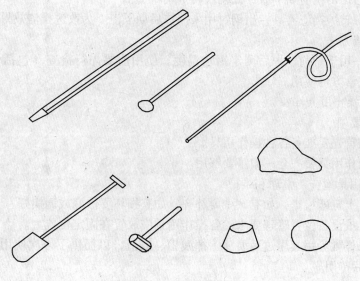

图 5 - 2　炉后用具示意图

5.1.2　注意事项

（1）如发现工具缺少要及时去准备工段领取、补齐，损坏的用具应马上修复，部分简单的工具可自己动手制作。

（2）根据各厂操作习惯，可能另外有些自制工具。炉前、炉后都要用的工具，根据实际需要也可以各配备一套。

5.1.3　知识点

5.1.3.1　炼钢各操作用具的用途

样瓢——炉前取钢样、渣样用。

补炉瓢——有长瓢、短瓢两种。长瓢为补深部炉衬用，短瓢为补近炉口部位和出钢口部位用。瓢板上可放置补炉砖或补炉砂进行补炉操作。

刮板——取薄片钢样，送炉前化验室快速分析用。

撬棒——护前，炉后撬炉口水箱与转炉裙罩上结渣，搪出钢口和炉后开出钢口用。一般情况均用短撬棒，若出钢口打不开时，需要用长撬棒，以便多人合力开启出钢口。

竹片条——用于刮去钢样表面的渣子。

铝条——用于样瓢内钢水脱氧（刺铝脱氧），然后倒入样模内。

样模——用于取钢样进行光谱分析或化学分析用。

铁锹——用于锹补炉砂、加渣料、加合金、出垃圾、清炉渣等，或者用铁锹锹入废镁砂、白云石等压炉内渣子。

长钢管——用于清除烟道上下料口堵塞物。

火泥——用水拌和后堵出钢口用。

出钢口塞——由结合剂与锯木屑制成，形状为锥台，尺寸与出钢口相当。出钢前堵住出钢口，可以阻挡出钢前期下渣，此物仅转炉用。

挡渣球——转炉挡渣器具，出钢时用来挡住后期下渣。为改进挡渣效果，也有采用挡渣锥或其他挡渣方法。

测温枪——用于炉前、炉后测定钢水温度。使用前要先行检查（包括请仪表工校验仪表），仪表正常方可使用。

5.1.3.2　操作用具准备

（1）准备要领

1）上班前首先要准备各种操作用具。

2）各种操作用具要齐全，数量要够用。

（2）操作用具检查，整理和维护

1）检查：上班即检查，如有缺少要补齐，如有损坏要修好或调换好。

2）整理：按设备位置管理要求，各操作用具应放置在固定位置上。

3）维护：样瓢等用具用过后要清除掉残钢、残渣，以便供下一次使用；弯曲的用具要敲直、整平后待用。

5.2　铁水预处理操作

5.2.1　操作步骤或技能实施

5.2.1.1　铁水喷粉脱硫（纯镁铁水脱硫）

铁水炉外脱硫有利于提高炼铁、炼钢的技术经济指标，提高钢的质量。人们对于铁水脱硫工艺方法的研究领域在不断开拓，目的是探寻保证良好的脱硫效果、最低的处理成本和简单实用的操作方法。金属镁因具有强脱硫能力，各种镁脱硫的工艺方法已得到广泛应用。在铁水罐中采用喷吹法实现全脱硫工艺是各厂家追求的目标。但有时为了节省投资，没有安装昂贵的碳化钙防爆装置，所以以前的原工艺仅能喷吹氧化钙和镁与氧化钙混合剂，喷吹时间长，脱硫剂消耗大及喷溅、扒渣铁损多，温降大，喷枪寿命低，处理成本较高。为了降低铁水脱硫成本，应该采用喷吹纯颗粒镁铁水脱硫的新工艺技术，可避免上述缺点。

A 纯镁铁水脱硫技术的特点

自 20 世纪 70 年代以来，乌克兰（前苏联）黑色冶金研究院一直在进行镁脱硫技术开发，进行了系统研究和工业试验，在颗粒镁经钝化处理保证安全情况下，通过气体载体由插入式喷枪送入熔池，镁溶于铁水中与铁水中的硫结合生成稳定的硫化镁化合物，并随熔池喷吹搅动进入渣中，达到铁水脱硫的目的。

（1）使用的脱硫剂为钝化颗粒镁，粒度 0.5 ~ 1.6mm，无任何添加剂，以避免与 H_2O、$CaCO_3$ 等物质反应造成镁的损耗。

（2）喷吹载体为惰性气体，如氮气、氩气。

（3）喷镁载体流量为 30 ~ 60m³/h，消耗少，同时可延长镁在铁水中的停留时间。

（4）喷枪带有气化室，使下列反应更容易进行：

$$Mg(s) \longrightarrow Mg(g), Mg(g) \longrightarrow [Mg], [Mg] + [S] \longrightarrow MgS(s)$$

（5）喷吹镁的强度范围为 6 ~ 15kg/min，用量可调。

（6）专门的喷镁给料、称量、控制装置及喷吹模式，保证过程可控，无脉动。

（7）使各反应与物质交换趋于一致，从而提高镁的有效利用率。

（8）喷吹用给料罐、称量、控制装置齐全，保证其稳定给料，误差 ±2%（即 10 ± 0.2kg/min），均匀调节镁耗量，使所选择的工作方式保持稳定，配有必要的检测、控制系统，使生产现场操作顺利，有效地达到脱硫目标值。

（9）带有蒸发室特殊结构的喷枪，创造了镁溶于铁水的良好条件，喷枪可插入距罐底 0.2m 的深度，喷吹模式根据颗粒镁较完全地溶于铁水和保证镁的充分利用的条件选取。

B 纯镁铁水脱硫技术的应用效果

纯镁铁水脱硫工艺的系统设备由贮料罐、喷吹给料罐、喷枪架、喷枪、辅助扒渣、除尘设备、称量装置、输送管道、阀门及控制系统组成，喷吹罐体积小，重量轻。对相同条件下（前 $w[S] \leqslant 0.030\%$，后 $w[S] \leqslant 0.010\%$），新、原工艺处理效果进行了初步比较，结果见表 5 - 1。

表 5 - 1 新、原工艺处理效果比较

序号	项 目	新工艺(喷吹纯镁)	原工艺(喷吹 20% 镁 + 80% CaO)	新、原工艺比较
1	脱硫剂吨铁消耗/kg	0.33	1.74	-1.41
2	工序铁损(含喷溅、扒渣)/kg·t⁻¹	7.10	8.96	-1.86
3	喷吹时间/min	5 ~ 8	8 ~ 12	3 ~ 4

序号	项　　目	新工艺(喷吹纯镁)	原工艺(喷吹 20%镁 + 80% CaO)	新、原工艺比较
4	铁水温降/℃	8.12	12.35	-4.23
5	喷枪寿命/次	>90	35	>55
6	载气消耗/$m^3 \cdot t^{-1}$	0.06	3.27	-3.21
7	吨铁脱硫生产成本/元	15	19	-4

新工艺使镁均匀喷入铁水,喷吹过程平稳,无喷溅;形成的渣量少,减轻了扒渣工作量;铁损降低,不产生毒害物质;喷吹及工序时间缩短,耐材侵蚀轻,喷枪寿命提高。

5.2.1.2　铁水喷粉脱硫(IR 喷吹硅钙粉脱硫)

硫是绝大多数钢的主要有害元素。钢材在热加工和冷加工时,因硫含量高会导致热脆和降低塑性,尤其是输送石油的管线钢会发生腐蚀断裂,造成突发性大事故;对于少数极低硫钢种,在保证连铸连浇的前提下,处理周期仅在 30 ~ 40min 内,LF 造渣脱硫的能力有限,难以满足品种钢深脱硫的生产需要。因此,采用 IR 喷吹 CaSi 粉深脱硫很好地解决了这个问题,并取得了较好的脱硫效果。

A　喷吹 CaSi 粉脱硫的热力学及动力学分析

(1) CaSi 粉脱硫的热力学条件。以氩气为载体,通过喷枪将 CaSi 粉喷入钢水中。在 1600℃时,由于钙的蒸气压力为 1.8×10^5 Pa,因此在 CaSi 粉出喷枪喷口和上浮过程中,硅溶解进入钢液中,而钙以气态形式与钢中 [S] 发生反应:$Ca(g) + [S] = CaS(s)$。此反应极易进行,可见用 CaSi 粉脱硫,反应平衡时 [S] 值非常低,说明 CaSi 粉有很强的脱硫能力。

(2) CaSi 粉脱硫的动力学条件。CaSi 粉离开喷枪喷孔和上浮过程,脱硫可分为以下几个环节:钙气泡及含钙的氩气泡在钢液内上浮;钢中 [S] 向钙气泡扩散;钢中 [S] 在气液界发生反应;固态反应产物随气泡上浮进入炉渣中。以上 4 个环节除第二个环节外,速度都很快,不是反应的限制环节,而钢中 [S] 向钙气泡扩散是限制性因素。因此采用多孔喷枪、合适的喷吹参数、优化粉剂粒度等措施来满足动力学条件。

B　IR 喷粉实例

(1) IR 喷粉脱硫工艺流程:150t 转炉出钢→钢包坐入 LF&IR 接收位→LF 位改渣(部分深脱硫炉次)、升温、粗合金化→IR 位进行喷粉、成分微调→温度成分合格后吊包→连铸。

(2) 喷吹参数的设定。粉剂的流速和喷吹压力是由喷吹粉剂的种类、喷枪喷孔尺寸、粉剂输送管道尺寸、喷粉罐的压力及助吹气体流量等决定的。在设备、粉剂和喷枪已确定的情况下,通过设定罐压和助吹气体流量来控制粉剂的流速和喷吹压力。喷吹 CaSi 粉工艺参数如表 5 - 2 所示。

表 5 - 2　喷吹 CaSi 粉工艺参数

粉剂	载气流量/$m^3 \cdot h^{-1}$	罐压/kPa	粉剂的流速/$kg \cdot min^{-1}$	喷吹压力/kPa
CaSi	140	550 ~ 700	23 ~ 35	320 ~ 410

C　IR 喷吹 CaSi 粉脱硫结果

喷吹 CaSi 粉量为 50~500kg/炉，钢种有 Q235B、SS400、45、X70 等。喷粉前大部分炉次都在 LF 炉上进行了改渣操作（对钢、渣进行脱氧，造碱性还原渣），少数炉次没进行改渣而直接喷吹 CaSi 粉操作。

（1）喷粉量及改渣的影响。图 5-3、图 5-4 是钢中初始 $w[S]$ 为 0.010%~0.013% 条件下，采用改渣与不改渣两种操作工艺，喷粉后钢中硫含量及脱硫率的对比情况。

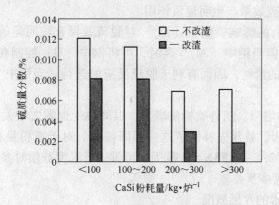

图 5-3　CaSi 粉消耗量对钢中硫质量分数

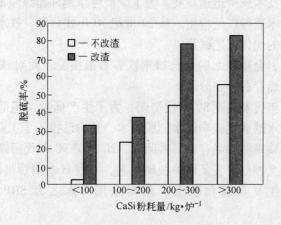

图 5-4　CaSi 粉消耗量对脱硫率的影响

从图 5-3、图 5-4 可看出，随着 CaSi 粉消耗量的增加，喷粉后钢中硫含量呈下降趋势，脱硫率呈上升趋势。在喷粉量大致相同的情况下，改渣后再进行喷粉脱硫的效果明显优于不改渣而直接进行喷粉脱硫的效果。喷粉量小于 100kg/炉的炉次，脱硫效果不明显。喷粉量在 200kg/炉以上时，脱硫效果明显。尤其是改渣炉次，喷粉后 $w[S] < 30 \times 10^{-6}$，达到了超低硫的水平。在喷粉前进行改渣操作的条件下，喷粉量在 200~300kg/炉时，其脱硫效果理想且经济。

（2）炉渣氧化性的影响。炉渣的氧化性对喷吹硅钙粉的脱硫效果有很大影响。炉渣中的氧较难脱除，尤其是转炉下渣量大、炉渣呈弱氧化性的情况下，扩散脱氧需要进行较长时间。喷粉前炉渣中（FeO + MnO）的量与脱硫率的关系为，喷粉前炉渣中（FeO +

MnO）含量越低脱硫率越高。喷粉前炉渣中（$FeO + MnO$）质量分数大于 3.5% 时，喷粉深脱硫的效果不太好。喷粉前炉渣中（$FeO + MnO$）质量分数值小于 2.4% 时，喷粉深脱硫的效果很好，脱硫率在 92% 以上。

（3）钢中氧含量的影响。当钢中 $w[O]$ 在 0.001% ~ 0.01% 范围内变化时，对脱硫影响不大。如果［O］含量高，硅钙会首先与氧反应，使用于脱硫的硅钙粉量的有效利用率显著降低。因此钢中［O］值越低，越有利于脱硫效果的提高。当钢中 $w[O]$ 值大于 0.01% 时，便会对脱硫效果产生明显负作用。

（4）钢中［Al_s］的影响。钢中［Al_s］对脱硫效果有较明显的影响。虽然铝对硫活度系数的影响不大，但当钢中［Al_s］高时，可将钢中［O］控制在较低的水平，减少了钢中［O］对硅钙粉的消耗，因而有利于脱硫反应的进行。当钢中［Al_s］值大于 0.04% 时，脱硫效果较好。

（5）喷吹过程的温降。随着喷粉量增大，温降幅度也随之增大。但是，在 IR 喷粉之前的 LF 进行改渣过程，就预先补偿了这一温降幅度。对于喷粉量在 200 ~ 300kg/炉次统计，一般温降幅度在 2.4 ~ 3.5℃/min 范围，可供进行温度补偿时参考。

5.2.1.3 铁水脱磷预处理

A 铁水脱磷技术的发展概况

石油、天然气、汽车、电子等工业的发展，对钢材质量要求越来越高，因此，纯净钢、超纯净钢的生产技术获得迅速发展。为了生产纯净钢和超纯净钢，以及连铸技术的普遍采用，铁水三脱技术获得广泛应用。从 20 世纪 70 年代后期，铁水预处理—转炉—炉外精炼已成为转炉炼钢的优化工艺线路。

对转炉炼钢车间，全量铁水脱硫已被钢铁界普遍接受；而对铁水脱硅、磷技术的采用，目前国内钢铁界尚存在一定分歧。

早在 20 世纪 70 年代末期至 80 年代初期，为了生产低磷、超低磷钢种，日本各大钢铁公司相继开发了铁水罐或混铁车铁水三脱技术，并均已投入了工业化生产。

由于铁水罐或混铁车脱磷尚存在一些问题，20 世纪 90 年代后期，日本一些钢铁企业根据本厂具体条件，又相继开发了转炉脱磷工艺，并在日本钢管福山厂一、二炼钢车间、新日铁君津二炼、住友金属和歌山厂获得采用，称之为 SRP 工艺（Simple Refing Process）。

B 铁水脱磷技术的开发

1978 年 7 月新日铁君津厂开发了铁水脱硅、脱磷技术，于 1982 ~ 1983 年在君津一、二炼相继投产，称之为 ORP 工艺（Optimizing Refining Process），旨在把过去传统转炉进行脱硅、脱磷、脱硫、脱碳的工序分 3 段进行，以使各工序在热力学最佳条件下进行。所谓 3 段工序，是在高炉出铁沟中脱硅；在铁水罐或混铁车内脱磷、硫；在转炉中脱碳。当高炉铁水含硅量高时，尚需在铁水罐或混铁车中进行二次脱硅，其脱硅目标值应为 $w(Si) \leqslant 0.15\%$，以满足铁水脱磷的要求。

C 日本几个转炉钢厂铁水脱磷的实例

（1）新日铁君津第二炼钢厂。该厂采用 ORP 工艺，铁水脱硅在高炉出铁沟中进行，吨铁脱硅剂加入量一般为 30kg；铁水脱磷在混铁车中进行，吨铁脱磷剂（铁矿石粉或烧结矿粉）加入量一般为 50kg，高炉出铁硅目标值为 $w[Si] \leqslant 0.15\%$。脱磷工序目标值视冶炼钢种要求而异，冶炼低磷钢时，要求处理后的铁水含磷量为 $w(P) = 0.01\% \sim 0.02\%$；冶炼普碳钢时，要求铁水含磷量 $w(P) = 0.03\% \sim 0.05\%$。

（2）住友金属鹿岛厂。该厂在高炉出铁沟内进行脱硅，在混铁车内进行二次脱硅，采取真空吸渣后进行铁水脱磷，脱磷后再进行真空吸渣而后兑入转炉。脱硅剂（烧结矿粉）在高炉出铁沟及混铁车中加入，吨铁加入量为 31kg；脱磷剂（苏打灰）在混铁车中加入，吨铁加入量为 19kg，苏打灰可回收利用。经脱磷后的铁水成分变化见表 5 - 3。

表 5 - 3　铁水成分变化　　　　　　　　　（%）

成　分	铁水原始成分	脱硅后铁水	脱磷后铁水
Si	0.64	0.08	0.03
P	0.100	0.010	0.001
S	0.034	0.050	0.002

（3）住友金属和歌山厂。以生产极低磷钢用铁水为目的，在 150t 混铁车内用生石灰作脱磷剂进行了喷吹试验，其后又在 50t 铁水罐内进行喷吹试验，并取得进展，作为大量的铁水脱磷处理设备开始投入生产。150t 混铁车脱磷处理铁水主要是供转炉生产低磷钢、高碳钢、高锰钢；50t 铁水罐脱磷铁水是供 AOD 生产不锈钢。由于转炉采用小渣量操作工艺，有助于生产费用的降低。脱磷剂组成及粒度见表 5 - 4。

表 5 - 4　脱磷剂组成及粒度

组　成	生石灰	氧化铁屑	萤石	氯化钙	粒度/μm
$w/\%$	30 ~ 40	50 ~ 55	5 ~ 10	0 ~ 5	≤50

$w[Si] > 0.1\%$ 时为脱硅期，$w[Si] \leqslant 0.1\%$ 时为脱磷期。当顶吹氧（标态）$6m^3/min$ 时（50t 铁水罐），在脱硅期内铁水温度有些上升，因此，在脱磷期内铁水温度的降低得到一定改善。

（4）川崎公司千叶钢厂。该厂采用 Q - BOP 转炉进行脱磷，即将铁水兑入 Q - BOP 转炉，加入脱磷剂，其中每 1t 铁水加入生石灰 20kg；铁矿石 28kg；吹入氧气（标态）$6m^3$，处理后铁水成分见表 5 - 5。

处理后的铁水从 Q - BOP 转炉中倒出，再将熔渣排出，脱磷后的铁水再兑入另一座 Q - BOP 转炉炼钢。

表 5 - 5　处理前后铁水成分及温度变化情况　　　　　（%）

成　分	C	Si	Mn	P	S	温度/℃
脱磷处理前	4.5	0.2	0.4	0.14	0.02	1370
脱磷处理后	3.7	—	0.3	0.01	0.01	1370

（5）神户制钢。在高炉出铁沟中进行铁水脱硅，铁水流入铁水罐中，经铁水处理炉进行脱磷，处理后兑入转炉，处理前后铁水成分见表 5 - 6。

表 5 –6　铁水脱硅、磷前后的成分　　　　　　　（%）

成　　分	铁水原始成分	脱硅后铁水	脱磷后铁水
Si	0.04	0.18	痕迹
P	0.085	0.082	0.015
S	0.040	0.040	0.010

　　D　混铁车、铁水罐脱磷工艺存在的主要问题

　　铁水脱磷处理技术为日本在 20 世纪 70 年代开发的一项新的工艺，同时在日本各钢铁公司获得了广泛应用并取得了良好效果，已成为转炉冶炼低磷、极低磷和超低磷钢的重要手段。由于转炉采用少渣冶炼，冶炼工艺也获得改善，为提高钢质量和降低转炉生产成本提供了良好基础。尽管如此，作为普遍推广应用的这项技术，在一定条件下，工艺上尚存在一些问题，需在今后进一步改进完善。

　　（1）铁水温降大。就转炉冶炼热平衡条件而言，转炉冶炼热量来自铁水带入的显热及化学热。当采用铁水脱磷工艺时，由于化学元素的烧损及加入大量脱磷剂致使铁水化学热减少及铁水温度降低，使兑入转炉的铁水温度偏低。

　　铁水脱磷后至兑入转炉时，温度还会下降 30℃ 左右，因此兑入转炉铁水温度仅为 1240℃，从而给转炉吹炼带来诸多困难。由于热量不足，使转炉炉料中废钢比大幅度降低，同时往往造成吹炼中渣铁粘附氧枪；尤其当冶炼高碳钢时，更会感到热量不足，甚至需要外供热源，如喷吹或加入焦炭，以弥补转炉吹炼热量的不足。

　　（2）脱硅脱磷剂消耗量大。脱硅剂一般在高炉出铁沟中加入，加入量视高炉铁水原始含硅量及出铁速度而异。当高炉铁水 $w[Si]$ 在 0.3% 左右时，脱硅后铁水含硅量为 $w[Si] \leqslant 0.15\%$ 时，吨铁需加入脱硅剂 30kg。脱硅剂组成及粒度见表 5 –7。

表 5 –7　脱硅剂组成及粒度　　　　　　　（%）

FeO	Fe₂O₃	CaO	SiO₂	其他	粒度
17.82	53.12	8.3	5.24	15.32	<3mm

　　脱磷剂一般在混铁车或铁水罐中加入，加入量视铁水原始含磷量及残留渣量而异，当铁水含硅量为 $w[Si] = 0.15\%$，欲将铁水中磷降至 $w[P] = 0.01\% \sim 0.02\%$ 时，吨铁脱磷剂耗量约为 50kg。脱磷剂组成及粒度见表 5 –8。

表 5 –8　脱磷剂组成及粒度　　　　　　　（%）

FeO 屑	CaF₂	CaO	CaCl₂	粒度
55	5	35	5	<1mm

　　（3）铁水供送系统流程复杂。由于采用铁水脱硅、磷技术，使从高炉至炼钢供送铁水的工序有所增加，传搁时间有所延长，延长时间每次约为 2h。铁水脱硅、磷与不脱硅、磷（仅脱硫）的工艺路线的比较见表 5 –9。

表 5 - 9　两种工艺路线的比较

序　号	铁水脱硅、磷	铁水仅脱硫
1	高炉出铁脱硅	高炉出铁
2	扒除脱硅渣	—
3	进入脱硅、磷间	—
4	铁水二次脱硅	—
5	扒除脱硅渣	—
6	铁水脱磷	铁水脱硫
7	扒除脱磷渣	扒除脱硫渣
8	进入炼钢倒罐站	进入炼钢倒罐站

（4）铁水罐、混铁车装铁水量减少。由于脱硅、磷在铁水罐或混铁车内加入大量脱硅、磷剂，化学反应较为剧烈，为了抑制铁水温降过大，吹入部分氧气时，喷溅更为剧烈。因此，需在铁水罐或混铁车上部留出适当反应空间，从而导致装入铁水量减少，不利于与转炉装入量的匹配。

（5）铁水罐或混铁车内衬的更换。由于铁水脱硅、磷会产生大量酸性渣，使内衬侵蚀加剧，原用黏土质内衬已不能满足要求，一般将内衬改为 $Al_2O_3 - SiC - C$ 质耐材，导热系数较大，使铁水温降加剧；且 $Al_2O_3 - SiC - C$ 质耐材价格高，使铁水运输费用有所增加。

（6）SRP 法。鉴于铁水罐、混铁车脱硅、磷工艺存在诸多缺点，为了生产纯净钢、超纯净钢和提高钢的质量，适当提高转炉生产率，降低生产成本，日本一些转炉钢厂于 20 世纪 90 年代中后期开发了一座转炉脱磷和另一座转炉脱碳的工艺，住友金属称之为 SRP 法。

两座转炉分别在炉役前半期进行脱碳炼钢，大约 4000 炉，炉役后半期作为脱磷炉，2 座转炉交替使用，炉衬寿命约为 8000 炉。由于采用低磷铁水，使转炉吹炼时间缩短约 3min。此外，通过少渣冶炼，使转炉终点控制得到改善，几乎可实现无取样直接出钢。这样从出钢到出钢的周期从 29min 降为 25min，减少 4min，从而提高了单座转炉炼钢生产能力，金属收得率、转炉炉衬寿命均有所提高，降低了生产成本。

铁水脱磷技术已在日本一些转炉钢厂获得采用，并取得了良好效果。我国太钢曾于 20 世纪 80 年代为冶炼不锈钢引进了铁水罐脱磷技术；宝钢一、二炼钢均先后引进了大型混铁车脱磷技术，于 2001 年上海宝钢集团一钢不锈钢工程中不锈钢系统引进了铁水罐脱磷技术；普钢系统中引进了 SRP 工艺。

今后有关铁水脱磷技术的采用，应根据各厂具体条件，如冶炼钢种、铁水供送方式、转炉生产能力等综合因素进行选择，可对已引进的脱磷技术进行学习、消化，实现该项技术的国产化。

铁水脱磷具有低温的有利条件，常用铁水脱磷剂具有高碱度、高氧化性。采用铁水预处理脱磷技术（包括脱硅、脱磷、脱硫的三脱技术），既可减轻转炉脱硅、脱磷任务，实现少渣或无渣炼钢，大大改善转炉炼钢的技术经济指标，又为经济地冶炼低磷硫优质钢，实现全连铸、连铸连轧、热装热送提供了技术保障。根据具体钢种的需要，铁水预处理可将 $w(P)$ 脱至 $0.01\% \sim 0.03\%$。

5.2.1.4　铁水脱硅预处理（固体脱硅剂的应用）

A　铁水脱硅技术的发展概况

铁水中的硅一直被认为是转炉炼钢的主要热源之一，通过相关反应热效应计算，铁水中的硅不是转炉炼钢的主要热源，氧化反应产生的热量只有小部分被金属吸收。硅元素氧化反应能放出大量的热，同时为了调整炉渣碱度又必须加入一定量的石灰，石灰升温和熔化需吸收大量的热，热量来源于炉内的化学反应产生的热量。铁水中的硅在转炉内所起的作用主要在于调节渣量和炉渣黏度，有利于造渣，对钢水进行充分的精炼。

对不同含磷量的铁水需要造相应的渣量，才能顺利完成脱磷任务，从而需要对应的含硅量。近年来铁水预处理技术发展很快，铁水经预处理后，转炉吹炼操作的重点是脱磷。三脱过程中应将硅脱到什么程度，有一个最佳值，经计算可知，铁水中的硅最佳质量分数为 0.52%。所以，对炼钢铁水中硅的认识和要求为：

（1）铁水中的硅并不是转炉炼钢的主要热源，其氧化热主要用于加热为调整炉渣碱度而加入的石灰，只有 21.22% 的热量用来加热金属。

（2）对炼钢工序，硅的氧化虽有很小的加热金属作用，而对整个钢铁企业而言，铁水中的硅是大量消耗能源的元素。铁水中 $w[Si]$ 每增加 0.01%，高炉焦比将增加 $0.5kg$，此外石灰的煅烧也要消耗能源。

（3）铁水中的硅主要作用是调节炉渣的流动性和渣量，使之有利于去除磷、硫和夹杂等。

（4）铁水中硅的质量分数应当由铁水磷的质量分数、出钢时钢水磷的质量分数、要求的脱磷量、石灰条件等确定。

（5）铁水中 $w[P]$ 为 0.122%，石灰有效 CaO 为 88.59%，炉渣碱度为 4.0，吨钢炉渣达 $92.8kg$，就有足够的脱磷能力，完全可以将钢中 $w[P]$ 降到 0.010% 以下。按此计算，铁水中的硅最佳质量分数为 0.52%。

（6）炼钢铁水的现状是，硅的质量分数普遍都较高，造成大量的能源、资源浪费，并且排出大量的固体废弃物，严重污染环境。

（7）从以上分析可知，开发高炉低硅冶炼和铁水预处理，将硅降到合理的水平，有极大的经济效益和环境效益。

（8）吹炼过程的去磷率只设定达到理论值的 60%，按现有的操作水平完全可以达到甚至超过。随着认识和操作水平的提高，检测手段不断完善，以上目标值有进一步提高的可能。

铁水中的硅在炼钢中是重要的发热元素，又是不可缺少的造渣元素。但是，铁水中硅的含量高，将产生大量的 SiO_2，与此相应，必须用大量的熔剂来获得足够高的碱度，以满足有效脱磷的需要。不仅增加炼钢过程中的渣量，增加碱性造渣剂单耗，增加炉衬材料熔蚀，而且会导致铁的收得率和钢的产量下降。

采用最少渣量精炼法，当铁水中原始 $w[Si]$ 由 0.6% 降至 0.15% 时，转炉渣量可由吨钢 110kg 减少至 42kg，且冶炼平稳，无喷溅，铁的回收率提高了 0.5% ~ 0.7%，转炉寿命明显提高。

根据各厂铁水条件和转炉设备状况，在铁水硅含量的控制上既要保证一定的含量，从而保证转炉具有足够的热量；又要降低转炉生产成本，提高转炉工序的控制能力，提高钢水质量。

B　脱硅剂的选择

根据资源及生产过程中副产品的综合利用状况，选择转炉污泥、烧结返矿和氧化铁皮 3 种材料，相应配加适量的石灰或萤石作为调节剂进行了试验，得出了各种脱硅剂的反应特点和规律，为各种材料的选择和利用提供依据。选用的脱硅剂主要成分见表5 – 10。

表 5 – 10　脱硅剂的主要成分　　　　　　　（%）

脱硅剂	TFe	CaO	SiO₂	S	粒度/μm
烧结矿粉	58.2	9	4	0.02	84 ~ 104
污泥粉	50	18	3	0.070	84 ~ 104
氧化铁皮	74				添加 10% 石灰

C　脱硅反应的基本原理

固体脱硅剂的选择以提供氧源的材料为主剂，并配加适量辅剂调整炉渣碱度，改善炉渣流动性。主要是利用铁的氧化物 Fe_2O_3、Fe_3O_4 和 FeO 向铁水中供氧，对铁水中的硅进行选择性氧化处理，生成 SiO_2 进入渣相从而实现铁水脱硅处理。反应式如下：

$$[Si] + \frac{2}{3}Fe_2O_3(s) = (SiO_2) + \frac{4}{3}Fe \quad \Delta G = -288000 + 60T$$

$$[Si] + \frac{1}{2}Fe_3O_4(s) = (SiO_2) + \frac{3}{2}Fe \quad \Delta G = -275900 + 156T$$

$$[Si] + 2FeO(s) = (SiO_2) + 2Fe \quad \Delta G = -356000 + 130T$$

铁水中的硅很容易被氧化铁渣去除，但在渣 – 铁脱硅反应的过程中，硅在铁液边界层的扩散是脱硅反应的限制性环节，在低硅浓度范围内，脱硅速度急剧下降。因此，应加强熔池的搅拌，提高硅的扩散速度，增加反应的界面积，提高氧化铁的利用率。

从脱硅反应式来看，脱硅是一个放热的过程，但固体脱硅剂需要升温融化而吸热，因此采用固体脱硅剂脱硅会导致铁水温度下降。

D　脱硅工艺的选择

污泥粉及氧化铁皮的脱硅。在高炉休风前后，铁水条件极不稳定，尤其是铁水硅的质量分数波动较大（0.49% ~ 1.83%），铁水条件的范围加大，有益于掌握脱硅剂对不同铁水条件的适应性，便于各厂根据自己的原料情况选择脱硅剂。用烧结矿粉做脱硅试验，铁水条件相对稳定。

为掌握加入量对脱硅效果的影响，脱硅剂的吨铁加入量在 10 ~ 50kg。污泥粉脱硅原料采用球磨机磨至 84 ~ 104μm，利用喷粉罐喷吹为主，表面添加为辅。烧结矿粉及氧化铁皮为表面加入，加入后采用压缩空气助吹搅拌。炼铁厂出铁前，在铁水罐中预先加入脱硅剂和在炼钢厂混铁炉倒铁时预先将脱硅剂加入铁水包两种方式，反应的动力学条件和脱硅效果都很好，但前者由于出铁时落差较大，反应过于剧烈，脱硅渣发泡喷溅严重且难以控制，工作条件恶劣，铁水包运输能力降低 50% 以上；后者脱硅渣难以扒除，同时影响转炉兑铁。因此，一般不采用这两种脱硅方式。以下对比 3 种脱硅剂在铁水包中喷吹或表面投入所得的结果。

E　脱硅剂的脱硅效果对比

（1）初始铁水硅的含量对脱硅效果的影响。做不同脱硅剂在不同铁水硅含量下的脱硅效果对比，随铁水硅的含量增加，脱硅效果明显提高；相同硅含量的脱硅效果顺序为：氧化铁皮 > 喷吹污泥粉 > 烧结矿粉。

（2）加入量对脱硅效果的影响。随着脱硅剂加入量的增加，脱硅效果随之增加，但是加入量增加到一定程度后，其单位脱硅量开始降低，即加入量过多，脱硅剂的利用率会降低，其中烧结矿粉的利用率相对稳定。为保证脱硅剂的有效利用，3 种料的加入量宜在吨铁 30kg 以内。相同加入量脱硅效果顺序为：氧化铁皮 > 喷吹污泥粉 > 烧结矿粉。

（3）脱硅剂对铁水温降的影响：

1）加入量对温降的影响。铁水温降随脱硅剂加入量的增加而增大，加入量相同的情况下温降顺序为：喷吹污泥粉 > 氧化铁皮 > 烧结矿粉。

2）加入方式的影响。将脱硅剂直接喷入罐中加入方式较表面加入方式温降大，约相差 1 倍。喷吹方式加入时，平均温降大于 64℃；表面加入烧结矿粉或氧化铁皮温降相差不大，平均 33℃。

3）炉渣对温降的影响。泡沫渣对减少铁水温降具有重要作用，采用烧结矿粉和氧化铁皮脱硅形成泡沫渣，其温降明显降低。

4）其他原因对温降的影响。铁水温降主要还受喷吹时间和原料干燥程度的影响，氧化铁皮的温降较烧结矿略高的原因主要是氧化铁皮料湿、未经烘烤。

（4）脱硅渣状况。泡沫化情况：烧结矿粉和氧化铁皮脱硅，初期即可看到渣 – 铁界面剧烈的反应状态。烧结矿作为脱硅剂，泡沫化程度最大，泡沫渣高度由高渐低，再升高而后又下降。生产中必须加入压渣剂压渣。氧化铁皮脱硅渣泡沫化程度较烧结矿轻；污泥粉脱硅炉渣稀薄，流动性好。脱硅终渣碱度大于 0.4 即可满足脱硅要求。从终渣成分来看，碱度均在 0.4 以上，说明原料均可满足脱硅要求。

（5）脱硅剂对铁水成分的影响。污泥粉因含杂质较多，脱硅后铁水磷、硫、碳含量有所增加。烧结矿粉和氧化铁皮脱硅的同时，具有脱碳、脱磷、脱硫作用。

1）锰的氧化。脱硅过程造成锰的氧化，锰的氧化主要受碱度的影响，适宜的脱硅渣碱度可以抑制锰的氧化。3 种脱硅剂中，污泥粉的 CaO 含量最高，锰氧化量最少，烧结矿 CaO 含量最低，锰氧化量最多。因此在脱硅剂中配加一定量的石灰，不但有利于硅的氧化，同时可以抑制锰的氧化。

2）脱磷。脱硅过程中的脱磷只是微量的，只有在硅降低到 0.25% 以下时才会有效地脱磷。如原料中磷含量较高，还会造成铁水增磷。

3）脱硫。脱硫需要高碱度，因此脱硅剂中 CaO 含量的增加有利于脱硫反应的进行。氧化铁皮中配入 $w(CaO) = 10\%$ 的 CaO，其脱硫效果最好。

应用上述结果并结合资源综合利用情况，目前选用烧结矿粉进行脱硅的正常生产，在铁水条件相对稳定的情况下，吨铁加入量平均为 30.61kg，单位脱硅剂的脱硅量平均为 0.081kg/kg（铁），脱硅效率平均可达 47.26%。

5.2.2　注意事项

（1）铁水脱硫后要把渣子扒除干净，避免含硫的预处理渣进入转炉回硫，致使预脱硫的消耗失去效果。

（2）脱硫剂加入量要根据脱硫要求、脱硫剂的种类、不同脱硫方法等影响因素来决定。

（3）粉剂喷枪的插入深度会影响脱硫效果和喷溅程度，要注意调节。

（4）载流气体的流速可以设定，其数值要进行测试后才能正式确定。

（5）为降低生产成本，有时可同批采用几种脱硫剂，此时须注意脱硫剂的加入顺序：一般先加脱硫能力较弱的脱硫剂，然后加入脱硫能力较强的脱硫剂。

（6）铁水脱硅、磷以后，温降较大，在使用废钢及冷却剂的量上一定要掌握好。

（7）三脱中将硅脱到 0.5% 即为合适，勿过低或过高。

5.2.3　知识点

5.2.3.1　铁水预脱硫方法的优越性

铁水炉外脱硫物理化学条件比高炉和转炉优越，是最经济的脱硫工序。转炉脱硫条件最差。最新结论为 2003 年 12 月份的统计数据：铁水炉外脱硫吨铁成本为 20 元人民币，转炉内脱硫吨钢成本为 50 元人民币，所以，铁水炉外脱硫再转炉炼钢可降低成本 30 元人民币。所以把转炉脱硫任务移至炉外进行，首选的方法便是铁水炉外脱硫。如需要进一步脱硫，还可选用钢水炉外脱硫的方法，这样也比在转炉内脱硫成本低。

铁水炉外脱硫比转炉炉内脱硫有效的原因是：转炉炼钢是氧化过程，渣中（FeO）高，铁水中含氧量低，而且铁水中碳、硅、磷等元素含量高，使硫在铁中的活度提高。铁水脱硫比钢水脱硫效果可提高 4~6 倍。

钢包精炼脱硫是挡渣出钢后，在钢包内加入 Ca - Si、镁等脱氧剂，在脱氧的同时达到脱硫的目的。铁水炉外脱硫设备和操作比较简单，渣量少，使铁水降温较少。目前钢铁厂均采用铁水预脱硫作为冶炼工序的一环。宝钢、武钢等铁水脱硫后含硫量达到了双零程度，转炉只需要防止回硫即可。

5.2.3.2　铁水三脱处理的实用性

铁水脱磷是利用预处理温度较炼钢低的有利条件。为了保证渣的碱度高，在脱磷前先脱硅处理。脱磷时先喷入大量的脱磷粉剂，降温大，所以三脱处理只适用于大中型转炉厂。现在大多数对含磷要求高的钢种采用三脱处理。全部三脱处理的工厂，转炉只完成脱碳和升温任务，吹炼周期更短，有利于连铸提高铸速。而且低磷的转炉渣能够返回高炉再循环利用，减轻环境负担。所以，大型转炉厂的方向是全部三脱预处理。

图 5-5 为某厂铁水炉外脱硫、脱磷、脱硅的预处理工艺流程图。其中各元素数值为质量百分含量。

表 5-11 为铁水预处理用粉剂的化学成分。

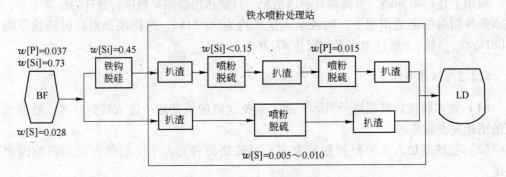

图 5-5　铁水预处理工艺流程图

表 5-11　铁水预处理用粉剂化学成分　　　　　　　　　（%）

成分\n种类	SiO₂	CaO	P	S	CaF₂	FeO	Fe₂O₃
脱硫剂	2.69	73.66	0.003	0.194	6.84		
脱硅剂	2.07	11.59	0.028	0.079		50.08	27.77
脱磷剂	3.48	33.20	0.010	0.128	5.94	31.09	20.06

注：粉剂粒度小于 50μm 在 90% 以上。

　　图 5-6 为铁水预处理喷粉三脱系统的示意图。

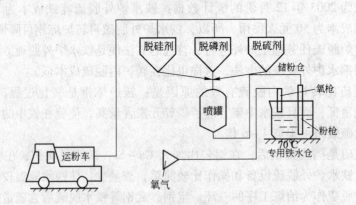

图 5-6　喷粉三脱系统示意图

【任务实施】

（1）实施地点：转炉冶炼仿真实训室。

（2）实训所需器材

1）转炉冶炼计算机仿真操作系统；

2）安全生产防护装具；

3）生产计划任务单。

（3）实施内容与步骤

1）学生分组：4 人左右一组，指定组长。工作自始至终各组人员尽量固定；

2）教师布置工作任务：学生了解工作内容，明确工作目标，制订实施方案；

3）教师通过仿真操作演示、视频或多媒体分析演示让学生了解冶炼全过程。

将操作要点及冶炼参数填写到表 5 – 12 中。

表 5 – 12　操作记录单

钢种编号：45 按冶炼顺序	CaO 加入量 /kg	白云石加入量 /kg	氧累量 /m³	岗位操作记录及 安全操作要点
1				
2				
3				
4				
5				
含异常工况				
1				
2				
3				
4				
5				
成分不合格				
1				
2				
3				
4				
5				

【知识拓展】

5.3　开新炉前的准备工作

5.3.1　操作步骤或技能实施

转炉开炉前必须有专人负责对所有的设备及各项准备工作进行全面检查，保证开新炉后运行正常、安全可靠。

（1）检查耐火砖的砌筑质量。应严格按照"转炉砌筑操作规程"进行检查，如砌筑中要求平、紧、实，平缝小于 2mm，竖缝小于 1mm。

（2）各种运转系统试运行时保证正常。

炉子倾动机构：炉子倾动机构的检查要求是电器设备和机械设备是否完好、有效；在砌炉前先进行。

供氧系统：输氧管必须畅通无阻；氧枪升降机构升降正常，并校正零位；氧枪更换装置完好，能正常运行；输氧管道上的减压阀、调节阀、压力表、流量计、温度计、切换阀门等各种仪表、阀门灵敏可靠。一般要求正常动作 4 次以上才认可合格。

（3）供料系统。

铁水供应：要求线路畅通；铁水包到位、有效；吊车到位；铁水准备就绪。

废钢供应：供应线路畅通；料斗到位可用；吊车到位；废钢准备就绪。

散状料供应：检查皮带运输机；各种料仓及漏斗完好有效；称量和振荡机构正常；下料系统畅通；氮气封设备能正常使用；各种散状料准备就绪。

（4）烟气净化回收系统。文氏管、汽化冷却、风机、各种水封器、煤气贮存器等系统设备都完好有效，并调节到开炉状态。煤气回收系统的各联锁到位并有效。

（5）供水系统。打开各路冷却水、水封水、除尘水、并调整水压和流量符合规程要求，汽包水位调节到规定范围内。

（6）各种仪表、开关、阀门确保灵敏可靠。

（7）各种联锁装置必须灵敏、可靠。

（8）挡渣板必须到位，钢包车能正常运行。

（9）炉前及炉后所有工、器具和应用材料齐备、可用。

（10）使用新钢包时，钢包必须烘烤到要求的温度。

5.3.2　注意事项

（1）检查、试车工作必须有专人负责。

（2）检查、试车工作必须依据有关操作规程和规定，不可各行其是。

（3）检查、试车后必须使各设备、仪表、阀门等处于开炉状态。

（4）在检查、试车和开新炉时，检修人员必须在场待命，随时准备进行检修。待第一炉钢正常出钢后，检修人员才可撤离现场。

5.3.3　知识点

（1）开炉前准备工作的重要性。开炉前的准备工作是十分重要的，只有在设备完好、运行正常，阀门仪表灵敏可靠的情况下，才能进行正常的冶炼。准备工作如果不充分、不仔细而稍有疏忽，哪怕是一只小小螺丝钉的松动、跌落，都可能影响整体设备的正常运行，最后会导致冶炼的失败。某厂在生产中曾发生过一次事故：正待摇炉出钢的炉子突然停住不动了，经过各方人员的全力检查都找不出事故的原因，眼看一炉合格钢水只得泡在已经倾斜的炉子内任其慢慢地冷却而报废。最后查出来的原因竟是如此地出乎意料：只是一只摇炉开关的销子脱落所致。所以，检查和准备工作必须认真、仔细，发现问题应及时解决，才能保证安全、顺利地开好第一炉。

（2）转炉新开炉前不专门烘烤炉子，而采用焦炭－铁水法生产第一炉钢，利用冶炼第一炉中的热量将炉衬充分烘烤烧结，所以转炉的开新炉准备工作主要是炉衬砌筑质量的检查和炉子设备的检查，没有烘炉的内容。目前开炉大多使用煤气烘烤，因为其成本较低，操作简单，使用方便，比较清洁。但使用煤气烘烤必须严格遵守煤气的操作规程，因为煤气是一种无色无味、有毒易爆的气体，使用中要严防中毒及爆炸。

思考题 5 – 3

(1) 开新炉前的准备工作有哪些?

(2) 做好开新炉前的准备工作有何意义?

5.4　停炉操作

5.4.1　操作步骤或技能实施

(1) 冶炼结束、提枪、提罩、炉体向后倾至炉口对准平台操作水箱,如氧枪有冷钢粘结,则应切割清除;氧枪提升到清渣点,关闭供氧、供水手动总阀门。

(2) 通知除尘值班室、热力站值班室进行停炉操作。

(3) 通知供氧值班室调整好氧和氮的供应。

(4) 通知污水泵房按操作规程停或减小氧枪及水箱用水。

(5) 通知散状料系统,做好停炉后的工作。

(6) 通知炉下钢、渣包车做好炉下清理工作。

(7) 通知炉衬准备拆、砌炉衬的操作。

(8) 通知车间跟班检修值班室及保管人员做好以下各项停炉操作:

停炉后,将炉前、炉侧进水阀门关闭;停炉后 4h,关闭炉后、炉口水箱的进水阀门,并检查各阀门的关闭度;关活动烟罩水封进水阀门,清理水封内积尘;关闭各气缸的压缩空气进气阀门;关闭润滑油泵,转炉停止倾动;切断总电源,取下"开动牌"。

5.4.2　注意事项和知识点

(1) 注意事项

1) 确认转炉已达到一个炉役期,切勿匆忙停炉造成损失。

2) 停炉操作一定按操作规程进行。

(2) 知识点

1) 掌握炉龄即一个炉役期的概念以及转炉炉役后期按计划的停炉。

2) 熟知停炉操作的先后顺序。

思考题 5 – 4

(1) 怎样进行停炉操作?

(2) 停炉操作要注意哪些问题?

5.5　补炉操作

5.5.1　操作步骤或技能实施

开始补炉的炉龄一般规定为 200 ~ 400 炉,这段时间也称为一次性炉龄。根据炉衬损坏情况,补炉可以作相应的变动。准备工作:根据炉衬损坏情况拟定补炉方案;准备好补炉工具、材料,并组织好参加补炉操作的人员。

5.5.1.1　补大面

一般对前后大面(前后大面也称为前墙和后墙)交叉补。

(1) 补大面的前一炉,终渣黏度适当偏大些,不能太稀。如果炉渣中 (FeO) 偏高,炉壁太光滑，补炉砂不易粘在炉壁上。

（2）补大面的前一炉出钢后，摇炉工摇炉使转炉大炉口向下，倒净炉内的残钢、残渣。

（3）摇炉至补炉所需的工作位置。

（4）倒砂。根据炉衬损坏情况向炉内倒入 1～3t 补炉砂（具体数量要看转炉吨位大小、炉衬损坏的面积和程度。另外，前期炉子的补炉砂量可以适当少些），然后摇动炉子，使补炉砂均匀地铺展到需要填补的大面上。

（5）贴砖。选用补炉瓢（长瓢补炉身，短瓢补炉帽），由一人或数人握瓢，最后一人握瓢把掌舵，决定贴砖安放的位置。补炉瓢搁在炉口挡火水箱口的滚筒上，由其他操作人员在瓢板上放好贴补砖，然后送补炉瓢进炉口，到位后转动补炉瓢，使瓢板上的贴补砖贴到需要修补的部位。贴补操作要求贴补砖排列整齐，砖缝交叉，避免漏砖、搁砖，做到两侧区和接缝贴满。

（6）喷补。在确认喷补机完好正常后，将喷补料装入喷补机容器内，接上喷枪待用。贴补好贴补砖后，将喷补枪从炉口伸入炉内，开机试喷。正常后，将喷补枪口对准需要修补的部位均匀地喷射喷补砂。

（7）烘烤。喷好喷补砂后，让炉子保持静止不动，依靠炉内熔池温度对补炉料进行自然烘烤。要求烘烤 40～100min。烘烤前期最好在炉口插入两支吹氧管进行吹氧助燃，有利于补炉料的烘烤烧结。

5.5.1.2　补炉底

（1）摇动炉子至加废钢位置。

（2）用废钢斗装补炉砂加入炉内，补炉砂量一般为 1～2t。

（3）往复摇动炉子，一般不少于 3 次，转动角度在 5°～60°，或炉口摇出烟罩的角度。

（4）降枪。开氧吹开补炉砂。一般枪位在 0.5～0.7m，氧压 0.6MPa 左右，开氧时间 10s 左右。

（5）烘烤。要求烘烤 40～60min。

若炉衬蚀损不严重，可以只进行倒砂或喷补的操作；若炉衬蚀损严重，则必须进行倒砂、贴补砖和喷补操作，且顺序不能颠倒。

5.5.1.3　补炉记录

每次补炉后要作补炉记录：记录补炉部位、补炉料用量、烘烤时间、补炉效果，以及补炉日期、时间、班次等。

5.5.1.4　某厂 120t 转炉补炉操作举例

严格贯彻高温快补的制度，确保补炉质量，补炉料量不大于 3.5t。

A　补炉底

（1）用焦油白云石料。补炉料入炉后，转炉摇至大面 +95°，再向小面摇至 -60°，再摇至大面 +95°。待补炉料无大块后，再将转炉摇至小面 -30°，再摇到大面 +20°，再将转炉摇直。

将氧气改为氮气，流量设定 $1.6 \times 10^4 m^3/h$；降枪，枪位控制在 1.7m，吹 30s 后起枪。将氮气改为氧气，流量设定 $(0.5 \sim 0.8) \times 10^3 m^3/h$；降枪，枪位控制在 1.3～1.5m，每次

吹 1min，间歇 5min，共降枪 3～5 次，保证纯烧结时间不少于 30min。

在正式兑铁前，应向炉内先兑 3～5t 铁水，将炉子摇直进行烧结，待炉口无黑烟冒出后，再进行兑铁。

（2）用自流式补炉料。将补炉料兑进转炉后，将转炉摇至小面 –30°，再将转炉摇到大面 +20°，再将转炉摇直，保证纯烧结时间不少于 30min。

待补炉料已在炉底处黏结后，缓慢将炉子摇到大面位，继续用煤氧枪烧结 10min。在兑铁水前，先向炉内兑 3～5t 铁水，将炉子摇直进行烧结，待炉口无黑烟冒出后，再兑铁水。

B　补大面

（1）用焦油白云石料。将补炉料加入炉子后，先将转炉摇至大面 +95°，再向小面摇至 –60°，再摇向大面 +95°，待补炉料无大块后，再将转炉摇至小面 –60°，再将转炉摇至大面 +90°。

用煤氧枪进行烧结，保证纯烧结时间不少于 30min。

在兑铁前先将转炉摇至大面 +100°，进行控油，待无油流出后，再进行兑铁操作。

（2）用自流式补炉料。向炉内加入补炉料后，先将转炉摇至大面 +100°，再摇至小面 –60°，再将转炉摇至大面 +90°。

用煤氧枪进行烧结，保证纯烧结时间不少于 30min。

在兑铁前先将转炉摇至大面 +100°，进行控油，待无油后再进行兑铁操作。

C　补小面

（1）用焦油白云石料。待补炉料装入炉子后，将转炉摇至小面 –60°，下进出钢口管，再将转炉摇至小面 –90°，再将转炉摇至大面 +90°；待补炉料无大块时，将转炉摇向小面 –90°。

用煤氧枪进行烧结，保证纯烧结时间不少于 30min。

在兑铁水前先将转炉摇至小面 –100°进行控油，待无油后再进行兑铁水操作。

（2）用外进补炉料。先下进出钢口管，再加入补炉料，然后将转炉摇至小面 –100°位置，再摇至小面 –60°，再将转炉摇至小面 –90°。

用煤氧枪进行烧结，保证纯烧结时间不少于 30min。

在兑铁水前，先将转炉摇至小面 –100°进行控油，待无油后，再进行兑铁水操作。

D　喷补

喷补枪放置炉口附近，调节水料配比，以喷到炉口不流水为宜。在调料时，须避免水喷入炉内。

调节好料流后，立即将喷补枪放置喷补位。喷补时，上下摆动喷头，使喷补部位平滑，无明显台阶。喷补完后经过 5～10min 烧结。

5.5.2　注意事项

（1）检查补炉料的质量，确保符合要求。

（2）炉役前期的补炉砂用量可以少一些，而炉役中、后期的补炉砂用量应该多一些。

（3）补炉结束后必须烘烤一定时间，以保证烧结质量。

（4）补炉后的前几炉（特别是第一炉）由于烧结还不够充分，所以炉前摇炉要特别小心，尽量减少倒炉次数。当需进行前或后倒炉时，操作工要注意安全，必须站在炉口两侧，以防突然塌炉而造成人身伤害。

（5）补炉操作必须全面组织好，抓紧时间有条不紊地进行，否则历时太长，炉内温度降低太大，不利于补炉材料的烧结。

（6）补炉后吹炼的第 1~2 炉，必须在炉前操作平台的醒目处放置补炉警告牌，警示操作人员尽量避开，勿与炉子距离太近（特别是炉口正向）。

（7）误操作的不良后果。若补炉不认真，在严重损坏处仅是喷补补炉砂而不进行贴补砖处理，则会因补炉料疏松、耐蚀性差而降低补炉效果；在补炉时若将倒砂、贴砖、喷补的正常操作顺序颠倒，或者贴砖后不喷砂，都会在冶炼过程中使钢水钻入砖缝，造成贴砖容易浮起并增加侵蚀面，影响补炉质量。

5.5.3　知识点

5.5.3.1　补炉时倒砂、贴砖、喷补的操作顺序不能颠倒

若严格按规程要求操作，可以使贴补砖与炉衬烧结良好，提高补炉后的炉衬寿命；若补炉操作的顺序颠倒，例如先贴砖后倒砂：贴砖与炉壁很难烧结牢固，吹炼时一摇动炉子，贴补砖会由于松动移位而脱落，这样就失去了补炉的意义；如果先喷补后贴砖：一方面由于先喷砂，其砂不容易把大面积的凹坑填平、填高；另一方面喷补后再贴砖，贴砖部位的补炉层因太厚而不容易烧结好，摇炉中容易脱落；第三方面，由于是最后贴砖，其间极可能因漏砖、搁砖及接缝等产生多处空隙，不能做到贴满补实，降低补炉质量，影响使用效果。

5.5.3.2　补炉料材质

一般为沥青结合的镁质料。补炉材料按外形可分为散状补炉料、补炉用的贴砖和喷补用的喷补料等。

（1）散状补炉料由废弃的耐火材料砖破碎成 10~60mm 的颗粒而成，其内不得混入金属垃圾及杂物等。散状补炉料主要用于补前后大面和炉底，其中补前后大面最好用热料。

（2）补炉用的贴砖主要原料为镁质白云石。散状补炉料和补炉用的贴砖材质表面都不准有风化现象，所以最好现制现用。

（3）喷补料主要用于对耳轴两侧的喷补和贴砖后喷补。喷补有干法和湿法两种。散状补炉料和喷补料统称为不定型耐火材料。某厂转炉用喷补料组成见表 5-13。

表 5-13　补炉料的组成

名　称	补　炉　料	干法喷补料
材质	镁质、镁白云石	镁质
骨料	3~18mm，65%	<3mm，100%
细料	35%	
外加	焦油沥青 7.5%~8.5%	固体沥青粉 18%~20%

5.5.3.3　烧结时间的重要性与补炉料用量的关系

补炉料补到炉衬上后，不仅其内部需要烧结透，而且还要求补炉料中的沥青能渗入到

炉衬表面与原炉衬烧结在一起后才不会脱落，所以补炉的料烧结需要时间，一般与补炉料用量成正比关系，即补炉料量越多、补得越厚，烘烤烧结时间则越长。如某厂120t转炉的操作规程规定：倒补炉砂2t，烘炉时间不少于90min。

补炉料的量不能过大。因为烘烤时间过长，会使炉温下降太大，而不利于补炉料的烧结，甚至造成塌炉等不良后果的产生。这样不仅浪费补炉材料和耽误时间，造成钢水污染，也可能造成人身安全事故。

5.5.3.4　补炉操作与提高炉龄的关系

根据实际经验可知炉龄高低基本与3个因素密切相关：

（1）耐火材料的内在质量、制砖工艺和砌筑质量。

（2）冶炼的操作水平，包括各种操作制度的执行。

（3）补炉操作的水平。

在（1）、（2）两个因素基本相同的情况下，补炉操作的水平与提高炉龄就直接相关了。

转炉一般在炉龄200～400炉后炉衬已经明显损坏而需要修补，而目前转炉炉衬的寿命一般在几千炉，甚至在万炉以上，这都是靠补炉来达到的，可见补炉是提高炉龄的重要一环。

思考题5－5

（1）叙述补炉的目的和操作步骤。

（2）叙述补炉的注意事项。

（3）对补炉料有何要求？

5.6　转炉溅渣护炉

5.6.1　操作步骤或技能实施

5.6.1.1　合理的留渣量

在溅渣护炉中，合理的转炉留渣量是溅渣护炉中的重要工艺参数。合理的留渣量一方面要保证足够的渣量，在溅渣过程中使炉渣均匀地喷溅，涂敷在整个炉衬表面，形成10～20mm厚的溅渣层；另一方面随炉内留渣量的增加，融渣可溅性增强，有利于快速溅渣。

为了保证快速溅渣的效果，适当提高转炉留渣量是有利的。但是留渣量过大往往造成炉口粘渣，炉膛变形，并使溅渣成本提高。

5.6.1.2　合理的溅渣参数

确定合理的溅渣参数，主要应该考虑：

（1）炉形尺寸，主要是转炉的（高和直径）参数。

（2）喷吹参数，包括气体流量、工作压力和喷枪高度、溅渣时间。

国内转炉溅渣工作压力通常为0.6～1.5MPa，溅渣时间通常为2～3min，氮气流量和枪位高度主要决定于转炉容量、炉形尺寸、喷枪结构和尺寸参数。溅渣时给予足够的气量，可在较短时间内将渣迅速溅起，获得较好的溅渣高度和厚度。提高枪位可以增加氮射流对熔池的冲击面积，对射流与渣层的能量交换有利。但枪位过高，射流速度衰减大，对熔池的有效冲击能量下降。

5.6.1.3　合理的终渣控制

在一定的条件下提高终渣 MgO 含量，可进一步提高炉渣的熔化温度，有利于溅渣护炉。在渣中 MgO 含量超过 8% 以后，随炉渣碱度和 MgO 含量的增加，炉渣的熔化温度升高。

对于溅渣护炉，终渣 FeO 有双重作用，一方面渣中 FeO 和 CaF_2 在溅渣过程中沿衬砖表面显微孔隙和裂纹向 MgO 机体内扩散，形成以（MgO · CaO）Fe_2O_3 为主的烧结层，有利于溅渣层与炉衬砖的结合；另一方面，随渣中 FeO 含量的升高，炉渣的熔化温度明显降低，不利于提高溅渣层抗高温炉渣侵蚀的能力。

国内多数采用溅渣工艺的转炉厂，控制转炉终渣 $w(\text{FeO})$ 在 10% ~ 15% 的范围内。

在溅渣过程中，还应根据经验调整好炉渣黏度和过热度。

5.6.1.4　合理控制出钢温度

溅渣层的熔损侵蚀主要发生在转炉吹炼后期，熔池温度超过了溅渣层的熔化温度，使溅渣层迅速熔化。若能适当降低出钢温度，有利于大幅度提高转炉炉龄。转炉出钢温度越高，其炉龄越低。

5.6.2　注意事项

（1）根据炉子的大小，留有一定的渣量，保证溅渣层的厚度。

（2）溅渣过程中确保氮气压力在操作规程范围内，以获得足够的氮射流能量。

（3）调整好溅渣炉渣成分，争取 $w(\text{FeO}) = 10\% ~ 15\%$，$w(\text{MgO}) \geqslant 8\%$。

（4）根据不同钢种控制好正确的出钢温度，以提高炉龄。

5.6.3　知识点

5.6.3.1　溅渣护炉工艺综述

炉龄的提高是转炉炼钢的一个重要课题。溅渣护炉技术是近年来开发的一项不需要大量投资，既能提高生产率、提高炉龄，又能降低冶炼成本、减轻工人劳动强度的新工艺、新技术。

溅渣护炉工艺是在转炉出钢后，在炉内留有适当的炉渣，然后插入喷枪，籍以向炉内吹入高压氮气，使炉渣飞溅，覆盖到炉壁上，经冷却、凝固并形成具有一定耐火度的渣层，从而保护了原有炉衬，延长了转炉寿命。溅渣护炉如图 5 - 7 所示。随着生产规模的日益扩大，市场竞争日趋激烈。提高转炉作业率、降低炼钢成本，成了各转炉炼钢厂的必经之路，而提高炉衬寿命又是实现这一目标最重要的手段。

目前，转炉溅渣护炉工艺在世界上得到了广泛应用，此项技术是由美国国家钢铁公司大湖分厂开发，到 1994 年获得工业性生产的成功。如美国的 LTV 钢铁公司印第安纳港钢厂转炉炉龄提高到两万炉以上。我国 1995 年开始试验此项技术，并在大、中、小型转炉上都取得了非常明显的效果。如：武钢 2 号转炉炉龄达两万多炉，宝钢 300t 转炉炉龄达 14001 炉，太钢 50t 转炉炉龄在 8000 炉以上，福建三明钢厂 15t 转炉炉龄达到 7000 炉。某厂第一炼钢厂炉龄达 1.6 万炉，第三炼钢厂达 1.1 万炉。到目前为止，世界上最高炉龄记录为我国的莱钢创造的，达到 3.6 万炉。

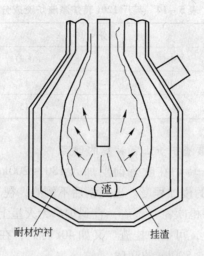

耐材炉衬   挂渣

图 5 - 7   溅渣护炉示意图

5.6.3.2   溅渣护炉工艺原理

该工艺把氮气通过氧枪吹入炉膛，高速氮气流股与渣面相遇后把一部分炉渣击碎成尺寸不等的液滴向四周飞溅。由于流股的能量高，把熔池渣层击穿并形成凹坑，氮气流股遇到炉底后以一定角度形成反射气流，反射气流与渣坑表面的摩擦作用会带起一部分渣滴，使其飞溅到炉壁上。通过这样的连续吹入氮气，炉渣温度不断下降，渣滴不断黏附在炉衬上，直到溅渣操作结束。

5.6.3.3   溅渣层抗侵蚀机理分析

通过对溅渣护炉的液态渣样分析，炉渣熔点在 1410℃ 左右，这样的炉渣只能抵抗前期炉渣对炉衬的侵蚀。但在冶炼一炉钢后，发现仍有部分炉渣黏附在炉壁上，说明炉衬上黏附的炉渣仍含有高熔点的矿物。

转炉渣的矿物成分组成以 C_3S 为主及少量的 C_2S，还有铁酸钙、RO 相[(FeMnMg)O]等。其中 C_3S、C_2S、方镁石的熔点高于 2000℃，高于转炉出钢温度，固相析出，低熔点的矿物仍处于液相。

通过对溅渣附着层矿物成分的分析，溅渣黏附在炉壁上的炉渣主要是析出的高熔点的矿物，即硅酸钙。由于 C_2S 和方镁石矿物构成的熔点很高，能耐高温并且结构强度很高，在冶炼过程中附着层不会被完全熔化，高熔点的骨架仍挂在炉壁上，从而起到保护炉衬的作用。随着溅渣的多次积累，就可以做到在渣层上炼钢，从而达到保护炉衬、提高炉龄的目的。

5.6.3.4   溅渣护炉的基本条件

（1）炉渣控制。根据 LTV 钢铁公司印第安纳港钢厂的经验，$w(MgO) = 8\% \sim 14\%$、$w(FeO) = 10\% \sim 15\%$ 为宜，从表 5 - 14 看，该终渣（MgO）基本满足，而（FeO）则偏高。

（2）出钢温度。出钢温度也是影响溅渣效果的一个主要因素，出钢温度高，则炉温度高，氧化性强，不易黏附在炉壁上，一般应使 $T_{出} \leqslant 1700℃$。

表 5 – 14　某厂 120t 转炉溅渣炉渣成分

项　目	成分 w/%		熔点/℃
	MgO	FeO	
初渣	10	17	1386
终渣	7.5	15	1410

5.6.3.5　溅渣方法及溅渣护炉工艺参数的确定

（1）溅渣方法。如 20t 转炉在吹炼前期加入 180~200kg 的轻烧镁球，以提高渣中（MgO）的含量，减少炉衬的侵蚀程度。出完钢后不倒渣，视具体情况加 100~500kg 的轻烧镁球调渣及降温，然后降枪吹氮气溅渣，直到炉口无火星上冲时炉渣基本都已溅在炉衬上。如果仍有少许渣未溅上，可摇炉挂渣。又如 40t 转炉，在吹炼前期应加入 400kg 左右的镁球，出钢后可加入 300~800kg 的镁球。

（2）氮气的使用压力。一般情况下，氮气的压力低于氧气的压力，但氮气的压力小，动能小，溅渣效果不好，炉渣溅不到炉帽部位。所以应尽可能加大氮气的压力。当氮气的压力达 0.70~0.90MPa 时，溅渣效果最佳。溅渣吹氮气时间主要与氮气的压力成反比，与渣量和炉渣温度成正比。溅渣时间一般情况下为 2.5~3min。所以，溅渣对炼钢时间的影响并不大。

（3）溅渣护炉留渣量。20t 转炉可留渣 1.5t；40t 转炉可留渣 3t 左右为宜。特殊情况下，终渣可全部留在炉内。如渣量过多，则可先倒出一部分渣。

（4）溅渣频数及氮气用量。如果氮气量足够用，可每炉溅渣；若氮气量不足，也可三炉溅一次渣，但效果稍差。氮气的用量的一般规律为：20t 转炉为 160m³/min，30t 转炉为 300m³/min，50t 转炉为 180m³/min，80t 转炉为 280m³/min，180t 转炉为 400m³/min。

（5）溅渣时枪位的控制。在溅渣过程中，枪位过高，气流的冲击面积大，射流穿透渣层后的动能不足，炉渣冲不到炉身上部；枪位过低，气流冲击面积小，不利于炉衬的均匀挂渣。

枪位控制方法：先将氧枪压到下限位吹 1min 左右，再将在 0~1000mm 的范围内操作氧枪升降，直到溅渣结束。

5.6.3.6　溅渣效果

（1）提高炉龄，降低耐火材料的消耗。

（2）减少补炉次数，降低补炉料的消耗。

（3）提高转炉作业率，增加钢产量。

（4）溅渣护炉后侵蚀速度减慢，炉衬侵蚀也比较均匀。

5.6.3.7　对冶炼工艺和钢质量的影响

（1）炉底有时上涨。

（2）溅渣后第一炉渣量比正常炉次大，炉渣的流动性较差，给操作上带来困难。摇炉时稍不注意就会喷溅。

（3）在铁水 [Si] 含量偏高的情况下，粘枪粘烟罩较为严重。经过取样分析，溅渣护炉对去除 [P]、[S] 无影响，钢中 [N] 增加很少，对钢质量基本上无影响。

5.6.3.8　溅渣护炉的优点

（1）经济效益显著。

（2）能大幅度提高炉龄。

（3）可降低耐火材料的消耗。

（4）提高转炉作业率，使转炉修理有可能和连铸机或制氧机修理同步进行。

（5）操作简单、方便，减少修炉补炉的次数，减轻工人的劳动强度。

（6）可均衡生产，为转炉炼钢厂的生产组织带来方便。

思考题 5 - 6

（1）溅渣护炉的意义有哪些？

（2）叙述溅渣护炉的操作要点。

（3）何谓经济炉龄？

【学习小结】

（1）铁水脱硫后，要把渣子扒除干净，避免含硫的预处理渣进入转炉回硫，致使预脱硫的处理失去效果。

（2）脱硫剂加入量要根据脱硫要求脱硫剂的种类、不同脱硫方法等影响因素来决定。

（3）粉剂喷枪的插入深度会影响脱硫效果和喷溅程度，要注意调节。

（4）载流气体的流速可以设定，其数值要进行测试后才能正式确定。

（5）为降低生产成本，有时须同批采用几种脱硫剂，此时须注意脱硫剂的加入顺序：一般先加脱硫能力较弱的脱硫剂，然后加入脱硫能力较强的脱硫剂。

（6）铁水脱硅、磷以后，其温降大，在使用废钢及冷却剂的量上一定要掌握好。

（7）"三脱"中将硅脱到 0.5% 即为合适，勿过低或过高。

【自我评估】

（1）铁水预脱硫有哪些操作办法？

（2）为什么要进行炉外脱硫，最经济的炉外脱硫办法是什么？

（3）铁水的三脱处理有何意义？

【评价标准】

按表 5 - 15 进行评价。

表 5 - 15　评价表

考核内容	内容	配分	考核要求	计分标准	组号	扣/得分
项目实训态度	1. 实训的积极性； 2. 安全操作规程遵守情况； 3. 遵守纪律情况	30	积极参加实训，遵守安全操作规程，有良好的职业道德和敬业精神	违反操作规程扣20分； 不遵守劳动纪律扣10分	1	
					2	
					3	
					4	
					5	

考核内容	内容	配分	考核要求	计分标准	组号	扣/得分
软件基本操作	1. 会初始化各项生产参数； 2. 能基本完成转炉冶炼仿真实训全部流程	30	掌握基本冶炼操作	系统初始化操作 10 分； 基本冶炼操作 20 分	1 2 3 4 5	
安全生产	学习冶炼岗位安全操作规程	40	能根据异常工况和危险工况采取相应处置措施	根据异常工况和危险工况采取相应处置措施 40 分	1 2 3 4 5	
合　计		100				

学习情境4 典型钢种的计算机仿真操作Ⅱ

任务6 冶炼Q235的计算机仿真操作

【任务描述】

通过在计算机上运行转炉冶炼仿真软件对典型钢种Q235仿真操作，掌握转炉冶炼仿真操作要领，对Q235钢种的冶炼的操作步骤、冶炼注意事项和安全生产等内容进行仿真操作训练。

【任务分析】

技能目标：

（1）熟悉冶炼前的准备工作，并选取操作用具；

（2）据所炼钢种的要求选用合适的冶炼方法、设备和原材料；

（3）会进行转炉冶炼的物料和热平衡计算。

知识目标：

转炉冶炼过程所需的物理化学知识。

【知识准备】

6.1 氧化期的火焰特征及操作步骤

6.1.1 硅锰氧化期的火焰特征操作步骤或技能实施

（1）观察火焰特征

冶炼前期为硅锰氧化期，一般在4min左右。此时期由于加入了废钢和第一批渣料等冷料，所以温度较低，多数元素尚未活跃反应，火焰一般浓而暗红。

当开吹到3min左右时要特别仔细观察，此时火焰开始由浓而暗红渐渐浓度减淡，颜色也逐渐由暗红变红。当吹炼到3~4min时，只要见到火焰中有一束束白光出现（俗称碳焰初起）时，则说明铁水中硅、锰的氧化反应基本结束，吹炼开始进入碳氧化期（碳已开始剧烈氧化），可以开始分批加入第二批渣料。

（2）控制操作

如果发现火焰较早发亮且起渣较早，说明铁水温度较高，可以提前分批加入第二批渣料，促使及早成渣，全程化渣。

如果发现火焰较暗红，说明硅、锰氧化还未结束，温度还较低，第二批渣料需推迟加入，保证冶炼正常进行。

（3）硅锰氧化期注意事项

1）硅氧化速度、氧化时间的长短受到铁水中硅含量、炉内温度、供氧压力、供氧强度等诸多因素的影响，在观察火焰特征时要充分考虑这些因素。而综合考虑这些因素的经验要靠平时的长期积累。

2）当铁水中锰含量较高时，吹炼时的火焰与正常情况有所不同：火焰比一般的要红一点、暗一点，使硅锰氧化期延长些。

3）根据火焰判断硅锰氧化期是否正确，将影响到第二批渣料开始加入的时间，而第二批渣料开始加入时间太早或太迟，都会对冶炼造成不良后果。

（4）硅锰氧化期知识点

1）硅、锰的氧化是炼钢中重要的反应之一，由于硅、锰与氧的亲和力较大，尤其在低温条件下，硅、锰氧化物的分解压力很小，所以开吹后即被迅速氧化，进入炉渣，称之为硅锰氧化期。硅、锰一般在开吹后 3～4min 时基本氧化结束。

2）因为开吹时熔池温度较低，碳元素尚未活跃反应，此期的火焰特征为暗红。

思考题 6 - 1 - 1

硅锰氧化期的火焰特征如何，火焰特征有异常时应如何对应操作？

6.1.2　碳反应期的火焰特征操作步骤或技能实施

6.1.2.1　操作步骤或技能实施

（1）观察火焰特征。随着冶炼的进行，火焰从暗红色渐渐变红，而且浓度变淡，当见到红色火焰中有一束束白光出现时，说明碳开始剧烈反应，进入碳氧化期。碳氧化期是整个吹炼过程中碳氧化最为剧烈的阶段，其正常的火焰特征为：火焰的红色逐渐减退，白光逐步增强；火焰比较柔软，看上去有规律的一伸一缩。当火焰几乎全为白亮颜色且有刺眼感觉，很少有红烟飘出，火焰浓度略有增强且柔软度稍差时，说明碳氧反应已经达到高峰值。之后随着碳氧反应的减弱，火焰浓度降低，白亮度变淡（此时一般可以隐约看到氧枪）。当火焰开始向炉口收缩，并更显柔软时，说明碳含量已不高（大致在 0.2%～0.3%）这时要注意终点控制。

（2）如果火焰正常，在碳氧化期（冶炼中期）内将第二批渣料分几小批适时加入炉内，以保证碳氧反应剧烈而均匀地进行，促使过程化渣。

6.1.2.2　注意事项

（1）火焰颜色的浓淡深浅和红白亮暗，对不同的炉子、不同的操作工以及采用不同的观察火镜会有不同的结果，应该说火焰的特征只是相对的，而不是绝对的，判断结果正确与否还与每个人在平时观察中积累的经验有关。

（2）冶炼过程中观察碳氧化期的火焰特征时，要注意炉渣返干和喷溅的影响。

思考题 6 - 1 - 2

碳氧化期的火焰特征有哪些？

6.2　炉渣返干的火焰特征

6.2.1　操作步骤或技能实施

6.2.1.1　观察并识别返干的火焰特征

返干一般在冶炼中期（碳氧化期）的后半阶段发生，是化渣不良的一种特殊表现形式。

冶炼中期后半阶段正常的火焰特征是：白亮、刺眼，柔软性稍微变差。但如果发生返干，其火焰特征为：由于气流循环不正常而使正常的火焰（有规律、柔和的一伸一缩）变得直窜、硬直，火焰不出烟罩；同时由于返干炉渣结块成团未能化好，氧流冲击到未化的炉渣上面会发出刺耳的怪声；有时还可看到有金属颗粒喷出。一旦发生上述现象，说明熔池内炉渣已经返干。

6.2.1.2　应用音频化渣仪预报返干

应用音频化渣仪来预报返干的发生比较灵敏，当音频强度曲线走势接近或达到返干预警线时，操作工应及时采取相应措施，进行预防或处理。

6.2.2　注意事项

要认真观察火焰的变化情况，在中期更要注意防止返干的发生。一旦发生返干，则说明炉渣未化好，严重时会发生炉渣成块结团，恶化吹炼过程，降低去硫、磷效果等。所以，避免炉渣严重返干是转炉炼钢中要特别注意的一个问题。当火焰特征从正常向不正常转化时，要及时正确判断并采取相应措施来预防、减轻和消除返干，确保炉渣化好、化透，使冶炼正常进行。

6.2.3　知识点

6.2.3.1　返干产生的一般原因

石灰的熔化速度影响成渣速度，而成渣速度一般可以通过吹炼过程中成渣量的变化来体现。由图 6 - 1 可见：吹炼前期和后期的成渣速度较快，而中期成渣速度缓慢。

（1）吹炼前期：由于（FeO）含量高，但炉温还偏低，仍有一部分石灰被熔化，成渣较快。

（2）吹炼中期：炉温已经升高，石灰得到了进一步的熔化，（CaO）量增加，（CaO）与（SiO_2）结合成高熔点的 $2CaO \cdot SiO_2$，同时又由于碳的激烈氧化，（FeO）被大量消耗发生了变化，含有 FeO 的一些低熔点物质（如 $2FeO \cdot SiO_2$，1205℃）转变为高熔点物质（$2CaO \cdot SiO_2$，2130℃），还会形成一些高熔点的 RO 相。此外，由于吹炼中期渣中溶解 MgO 能力的降低，促使 MgO 部分析出，而这些未熔的固体质点大量析出弥散在炉渣中，致使炉渣黏稠，成团结块，气泡膜就变脆而破裂，出现了所谓的返干现象。

（3）吹炼后期：随着脱碳速度的降低，（FeO）又有所积累，以及炉温上升，促使炉渣熔化，石灰的溶解量（成渣量）急剧增大。同时，后期渣中低熔点的（$CaO \cdot 2Fe_2O_3$），（$CaFeSiO_4$）等矿物较多，渣子流动性较好，只要碱度不过高，一般不会产生

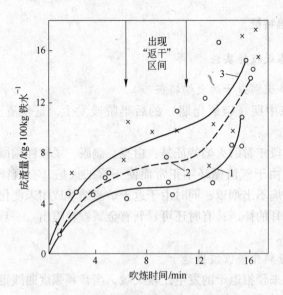

图 6 - 1　吹炼过程中渣量变化

1—吹炼前期的成渣速度；2—吹炼中期的成渣速度；3—吹炼后期的成渣速度

返干，反而须要控制（FeO）的含量不能太高，否则难以做到终渣符合溅渣护炉的要求。

综上所述，在吹炼中期由于产生大量的各种未熔固体质点弥散在炉渣之中，就可能导致炉渣返干。

6.2.3.2　炉渣返干对冶炼的影响

在正常的吹炼过程中，总会产生程度不重的返干现象，随着冶炼的进行一般是比较容易消除的。

如果操作不当造成严重的返干现象，黏稠的炉渣会阻碍氧气流股与熔池的接触，严重影响熔池中的反应和成渣；如不及时处理消除，到终点时渣料团块仍不熔化，将会极大降低去硫、去磷效果，或者在后期渣料团块虽然熔化了，但却消耗了大量热量会使熔池温度骤然下降，影响出钢温度的控制，还会产生金属喷溅，降低了炉产量。所以，返干不仅严重影响正常冶炼，也会因之而造成质量问题。

6.2.3.3　返干的预防措施

（1）在冶炼过程中严格遵守工艺操作规程（特别是枪位操作和造渣操作），在冶炼中期要保持渣中有适当的（FeO）含量，预防炉渣过黏、结块而产生返干。

（2）在冶炼过程中要密切注意火焰的变化，当有返干趋势时，要及时适当提高枪位或加入适量的氧化铁皮以增加（FeO）含量，促使迅速化渣，改善炉渣状况，预防返干的产生。

（3）学会采用音频化渣仪对返干进行有效的预报并采取措施，将返干消除。

（4）产生返干后的处理方法：

1）补加一定量的氧化铁皮，铁皮中（FeO）含量在 90% 以上，加入后能迅速增加液中（FeO）含量；

2）适当提高枪位，提高枪位后由于接触熔池液面的氧气流股动能减少，冲击深度小，传入熔池内的氧气量明显减少，致使熔池内的化学反应速度减慢，（FeO）的消耗速度减小得比较明显，因此（FeO）量由于积累而增加；同时提高枪位使冲击面积相对扩大，也使（FeO）量增加；

3）在提高枪位的同时，还可以适当调低吹炼氧压，延长吹炼时间，降慢脱碳速度，同样可以促使（FeO）量增加，达到消除返干的目的。

思考题 6－2

（1）炉渣返干时的火焰特征有哪些？

（2）炉渣返干的原因有哪些？

（3）预防和处理炉渣返干的措施有哪些？

6.3　喷溅的火焰特征

6.3.1　操作步骤或技能实施

（1）当发现火焰相对于正常火焰较暗，熔池温度较长时间升不上去，少量渣子随着喷出的火焰被带出炉外时，此时如果摇炉不当，往往会发生低温喷溅。

（2）当发现火焰相对于正常火焰较亮，火焰较硬、直冲，有少量渣子随着火焰带出炉外，且炉内发出刺耳的声音时，说明炉渣化得不好，大量气体不能均匀逸出，一旦有局部渣子化好，声音由刺耳转为柔和，就有可能发生高温喷溅。

6.3.2　注意事项

一旦发生喷溅，操作人员特别是炉长要保持冷静，首先正确判断喷溅类型，然后果断采取相应措施来减轻和消除喷溅。切忌发生喷溅后，在不明原因前就盲目采取措施，这样有可能加剧喷溅程度，造成更大危害。

6.3.3　知识点

6.3.3.1　喷溅种类

喷溅一般分为两种：一种是低温炉渣喷溅，也称泡沫喷溅；另一种是高温金属喷溅。两者相比，高温金属喷溅造成的危害更严重。

6.3.3.2　产生喷溅的原因分析

（1）强烈的突发性碳－氧反应

碳氧反应剧烈是氧气顶吹转炉炼钢的一个显著特点。在正常情况下，剧烈的碳氧反应是均匀地进行的，生成的大量 CO 气体也能均匀地排出，所产生的推动力不至于造成猛烈的喷溅，许多炉次在同样强烈的碳氧反应情况下不发生喷溅就可以证明这一点。如果剧烈的碳氧反应是爆发性（不均衡发生）的，在瞬间产生的大量 CO 气体，具有足以将金属和炉渣喷出炉外的能量，是产生喷溅的根本原因。

（2）熔池温度和炉渣氧化性

熔池温度的突然下降和（FeO）的过多积累是诱发爆发性碳氧反应的主要影响因素：由于种种原因使熔池温度突然下降，严重抑制了正在迅速进行的碳氧反应，供入的氧气主要促使产生大量的 FeO 并开始积累起来。一旦熔池温度升高，（FeO）也积累到很大数量，此时碳的氧化反应重新以更猛烈的速度突然爆发，从而造成喷溅。

（3）氧气流股所具有的巨大动能

喷头出口的氧气流股速度一般在 $430 \sim 570 m/s$，具有很大的动能，但经过试验和实测证明：氧气流股的巨大动能决不能单独将金属和炉渣喷出炉外而形成喷溅，但它可以促使和助长喷溅的产生。

（4）影响产生喷溅的其他因素

1）炉容比。炉容比大的炉子，单位炉渣可占据炉内较大的容积，一般性的小喷不易使炉渣溢出；反之，炉容比小的炉子，则容易发生喷溅。

2）炉渣数量。吹炼高硅、高磷铁水时，由于产生的渣量大，渣层厚，气体通过炉渣排出的阻力大，容易被积累在炉渣内。当条件成熟时，被积累的大量气体瞬间排出，造成程度不同的喷溅。

3）炉渣泡沫化程度。当炉渣起泡严重时，渣面上涨已经接近炉口（见图 6 - 2），此时只要有一个较小的冲击力就可以使炉渣以及夹带的钢水从炉口冲出炉外，造成喷溅。当渣中存在（SiO_2）、（FeO）、（P_2O_5）、（CaF_2）等表面活性物质时，均能使炉渣表面张力减小，泡沫化发达，从而引起喷溅。

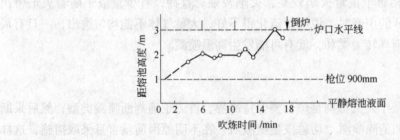

图 6 - 2　吹炼过程渣层厚度的变化

6.3.3.3　喷溅产生的危害

由于操作不认真或者经验不足抓不住喷溅预兆，发生喷溅的后果是严重的。

（1）大量的金属和炉渣以巨大的动能喷出炉外，不仅会损坏和烧坏设备，而且还会伤及操作人员，造成人身伤亡事故。

（2）统计数字表明：金属损失小喷时为 1.2%，大喷时为 3.6%，即由于喷溅可减少 1.2% ~ 3.6% 的钢产量，其经济损失不可忽视。

（3）喷溅严重地冲刷炉衬，造成喷枪变形及粘钢等事故；由于喷出大量炉渣会影响去除硫、磷的效果；喷溅同时使热量损失增加等。

6.3.3.4　喷溅的预防和控制

（1）预防措施

1）吹炼中自始至终要认真、仔细地观察火焰变化情况，及时发现喷溅特征并采取相应措施。

2）充分利用音频化渣仪的音频强度曲线进行预报。

（2）控制措施

原则是保证碳 - 氧反应强烈而均匀地进行，不使（FeO）过分积累。

1）保证前期温度不过低：使碳 - 氧反应正常进行，不让（FeO）过多积累。

2）中、后期温度不过高：保证碳－氧反应不过分剧烈而使（FeO）消耗太多，致使返干产生。

3）严禁过程温度突然下降：确保碳－氧反应正常地进行而不会突然抑制，防止（FeO）的过分积累。

4）保证（FeO）不出现过分积累的现象，防止炉渣过分发泡或在炉温突然下降以后再升高时发生爆发性的碳－氧反应，减少喷溅发生的机会。

5）第二批渣料不能加得太迟。如第二批渣料加得太迟，此时炉内碳氧反应已经非常剧烈，加入冷料后使炉温突然下降，抑制了强烈的碳氧反应，并使（FeO）得到积累，当温度再度升高时，就有可能发生喷溅。

思考题 6－3

（1）喷溅时火焰有什么特点？

（2）造成喷溅的原因有哪些？

（3）如何预防喷溅的发生？

【任务实施】

（1）实施地点：转炉冶炼仿真实训室。

（2）实训所需器材

1）转炉冶炼计算机仿真操作系统；

2）安全生产防护装具；

3）生产计划任务单。

（3）实施内容与步骤

1）学生分组：4 人左右一组，指定组长。工作自始至终各组人员尽量固定。

2）教师布置工作任务：学生了解工作内容，明确工作目标，制订实施方案。

3）教师通过仿真操作演示、视频或多媒体分析演示让学生了解冶炼全过程。将操作要点及冶炼参数填写到表 6－1 中。

表 6－1　操作记录单

钢种编号 Q235 按冶炼顺序	CaO 加入量 /kg	白云石加入量 /kg	氧累量 /m³	岗位操作记录及 安全操作要点
1				
2				
3				
4				
5				
含异常工况				
1				
2				

续表 6 - 1

钢种编号 Q235 按冶炼顺序	CaO 加入量 /kg	白云石加入量 /kg	氧累量 /m³	岗位操作记录及 安全操作要点
3				
4				
5				
成分不合格				
1				
2				
3				
4				
5				

【知识拓展】

6.4　冶炼判断

6.4.1　火焰特征判断钢水温度

6.4.1.1　操作步骤或技能实施

A　根据火焰特征，判断钢水温度

（1）火焰特征。初期：由于加入一定比例的废钢和第一批渣料，熔池温度较低，所以火焰浓而红。中期：随着铁水中硅、锰的氧化基本结束和元素碳的大量氧化，温度升高，此期的火焰逐渐由红变得白亮，红烟稀薄。后期：由于碳－氧反应速度的下降，温度也基本达到终点要求，此时火焰白亮程度有所减弱，并在火焰 4 周有少许蓝色。

（2）判断温度的一般规律。钢水温度高：火焰颜色白亮、刺眼，火焰周围有白烟，且浓厚有力。钢水温度低：火焰颜色较红（暗红），火焰周围白亮少（甚至没有），略带蓝色，并且火焰形状有刺、无力，较淡薄透明。若火焰发暗，呈灰色，则温度更低。

B　控温措施

（1）钢水温度偏高。适当加入部分渣料促使降温，或者加入一些氧化铁皮等冷料来降温，也可以提高枪位减缓反应速度，降低升温速度，以确保过程温度正常。

（2）钢水温度偏低。减少渣料加入量或推迟加渣料时间，待温度正常后再补加，或者适当降枪以加速氧化反应速度，提高升温速度。

6.4.1.2　注意事项

（1）火焰判温的结果是否正确，要靠操作人员的高度责任性和长期经验的积累。

（2）如果在操作中发现实际温度与正常温度有较大的差值，应该考虑下一炉次调整初期加入的渣料量和废钢量，保证过程温度正常。

（3）火焰判温应该在吹炼的全过程中进行，才能理顺各种因素的影响并进行相互比较，不至于造成过大的判断误差，正确控制过程温度，确保终点温度符合要求。

6.4.1.3　知识点

A　火焰判温的原理

根据辐射传热的观点：物体在每一个温度下都有一个最大辐射强度的波长，而且随着温度的升高，最大辐射强度的波长变短，物体的颜色由红变白。所以火焰的颜色在很大程度上反映了火焰的温度高低。

转炉炉口喷射出来的火焰温度是由两部分决定的：一部分是从钢水中逸出的 CO 气体所具有的温度，此温度实际上反映了钢水温度；另一部分是 CO 气体在炉口与氧进行完全燃烧后放出的化学热，使火焰温度升高，在一定的碳含量下，其值可以认为是恒定的，因此可以从火焰颜色来估计火焰温度，估计 CO 气体所具有的温度，最后来反映（判断）钢水的温度。

B　影响判温的其他因素

（1）冶炼时期的影响。吹炼到终点收火时，火焰一般较淡薄透明，甚至还可以隐约看到被烟气包围之中的氧枪，呈现出低温的火焰特征。但事实上收火时钢水温度已经很高了，如果在此时单凭火焰特征的一般规律来判温，就会造成很大的误差。

（2）铁水中硅含量的影响。当铁水中硅含量高时，吹炼时间较长，其火焰特征即使正常，它的终点温度也比一般情况要高，没有长期积累的丰富经验是很难从火焰特征上区别开来的。在判温时不考虑此因素的影响，容易将钢水温度判低。

（3）返干的影响。冶炼中期有可能产生返干。返干时，由于炉渣结块成团致使火焰相对比较白亮，显示钢水温度较高的特征，如为此而加入较多冷却剂，则随着温度的逐渐升高，当结块成团的渣料一旦熔化，往往会造成熔池较大的温降，最终造成终点温度偏低的失误。

（4）废钢铁水比的影响。金属料中若铁水配比过大，会延长吹炼时间，中后期的火焰仍为正常配比的中期火焰特征，若不注意这一因素的影响，终点温度容易偏高。金属料中若废钢配比过大或废钢块过大，而中期火焰正常时，要防止后期炉温偏低。

（5）补炉后炉次的影响。补炉后第一炉吹炼中，火焰较平时炉次吹炼时产生的火焰要浓厚得多，容易使操作人员误判为温度较高，最后造成低温的后果。其实这是由于补炉料的作用，吹炼中产生的火焰与平常炉次的火焰显然不一样。

思考题 6 - 4 - 1

（1）如何根据火焰特征来判断钢水温度的高低？

（2）当钢水温度偏高或偏低时，应如何处理？

6.4.2　估温

6.4.2.1　操作步骤或技能实施

（1）火焰判温。根据火焰特征判断钢水温度。

（2）钢样判温。根据钢样特征和结膜时间判断钢水温度。

（3）炉渣判温。利用倒炉时机，仔细观察炉内渣子的颜色和状况，如渣子红中发白，说明熔池温度较高；而渣子呈暗红色，则温度较低。在渣子氧化正常情况下，渣子流动性好，一般说明温度较高；若渣子流动性差，看上去发黏或渣子结坨成块，温度较低。

（4）氧枪冷却水进出温差判温。根据氧枪冷却水进出口温度之差值来判温。

以上几种方法都可独立进行判温。有经验的操作人员可以根据以上几种方法的判断结果加以综合、修正，得出更符合实际情况的判温结果，但这种经验必须经过长期积累才能日渐完美。

6.4.2.2　注意事项

根据火焰特征判断钢水温度及钢样判断钢水温度中的注意事项相同。

思考题 6 – 4 – 2

（1）估计钢水温度有哪些方法？

（2）估计钢水温度须注意哪些事项？

6.4.3　测温

6.4.3.1　操作步骤或技能实施

准备测温棒：将新的纸套管从测温棒前端插入；将测温热电偶插入测温棒前端部，要插紧，无松动。

（1）测温前，要暂时提枪倒炉（LD）炉，或停止通电加热（LF 炉）。

（2）测温时，一手满把握住测温棒后端的圆环，另一手握住测温棒杆身，将测温棒前端热电偶插入钢水内，保持 1～2s，测温部位与取样部位相同。

（3）显示屏上读出温度值后，立即将测温棒从钢水中抽出。

（4）迅速将已烧坏的纸套管和热电偶清除，换上新的备用。

6.4.3.2　注意事项

（1）使用测温棒前，要检查补偿导线是否完好，接通；检查电位差计是否与热电偶接通，并要校正零位。

（2）测温棒不能遭受碰撞和受潮，要有规定的安放位置。

（3）在进行测温操作时，热电偶不能碰撞任何物品，以免受损使测温失灵。

（4）测温热电偶应插入钢水中一定深度，确保测出的温度具有代表性。

（5）测温时既要使测温头在钢水中停留一定时间，又要求动作迅速而准确。测温棒在钢水内不能停留过久，以防烧坏测温棒。

6.4.3.3　知识点

（1）冶炼过程中的温度控制是否正确，将影响钢的质量和冶炼操作。对钢包精炼炉而言，调整钢水的温度只能在加热工位进行；在脱气工位，钢水温度有明显下降，所以在钢水的精炼过程中，对钢水测温更显得十分重要。而对 LD 来说，测温是为了时刻掌握炉内熔池温度的提升情况，对终点准确定温有很大帮助。

（2）常用的测温方法有热电偶插入式和样瓢目测式两种，但样瓢目测式受各种因素的影响，准确性较差，所以目前广泛使用热电偶插入式方法进行测温。

（3）转炉有副枪时，也可以用副枪测温。

（4）热电偶测温的原理如图 6 – 3 所示。它主要是利用两种不同成分的导体 A 和 B 两端接合成回路（如钨 – 钼热电偶、铂 – 铑热电偶等），它们的一端（T_1 端）焊接在一起，形成热电偶的工作端（也称热端），用来插入钢水测量温度；另一端（T_0 端）与电子电位差计、显示屏等相连。如果 T_1 端与 T_2 端存在温差，显示仪表便会指示热电偶所产生的热电动势（在实际使用中已转换成相应的温度值），温差越大，热电动势越大，则显示的温度值越高。

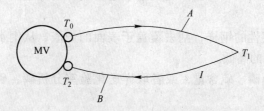

图 6 – 3　热电偶测温原理

热电偶测温是目前应用最广的一种测温方法。在设备较先进的氧气顶吹转炉上，还可用副枪进行测温定碳，其测温也是利用热电偶进行的。

用热电偶测温具体的操作方法：将测温棒一端套上纸套管，装上热电偶测温头，另一端接好补偿导线与电位差计，检查电位差计与测温头是否接通，并校正零位。测温时，将测温头插入钢水中，在显示屏上即显示出所测部位的温度值（见图 6 – 4）。

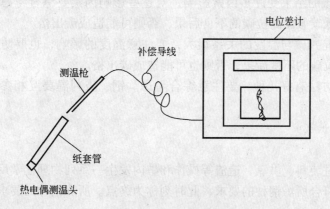

图 6 – 4　热电偶测温计示意图

用热电偶测温的优点是测温速度快，测得的温度相对比较准确。但是成本较高，测温头及纸套管均只能使用一次，需每次调换，要有一整套仪表导线连接，比较麻烦；测得的温度是局部范围的，所以测温前必须对钢水进行充分搅拌。

用热电偶测温，有时也会产生偏差，其原因可能有：测量仪表本身准确性差；测温部位不准确，钢水没有充分搅拌；测温前没有进行校正，因为热电偶测量温度与冷接点的温度有关，温度保持不变时，所测温度才比较准确；补偿导线过长，因为热电偶产生的热电势值较小，线上损失较大，使测量结果不够准确。

思考题 6 – 4 – 3

（1）如何进行测温操作？

（2）测温前要做些什么准备工作？

（3）测温中要注意什么问题？

6.4.4　冶炼终点判断

6.4.4.1　操作步骤或技能实施

（1）根据火焰特征判碳、判温，确认基本达到或者接近达到终点要求时，可以准备出钢。

（2）取出具有代表性的钢样，刮去覆盖于表面的炉渣，从钢水颜色、火花分叉及弹跳力等来判断碳及温度的高低。

（3）观察钢样判断磷、硫含量，或者取样送化验室分析磷、硫、碳、锰及其他元素含量。

（4）结合渣样、炉膛情况、喷枪冷却水进出温差以及热电偶测温等来综合判温。

（5）观察钢样和渣样估计钢水的氧化性，对于冶炼高质量品种钢和沸腾钢是非常重要的。

一般地讲，具有一定碳含量的钢水，氧化性强，钢样碳粒的弹跳力强；反之氧化性差。渣子氧化性强，则其流动性好，色深；反之氧化性差。

6.4.4.2　注意事项

（1）取样必须取出有代表性的钢样，要求动作快、深、满、准、盖、稳。

（2）火焰判碳的结果受许多因素影响，对这些影响因素要综合考虑，防止产生高碳假象低拉碳或者低碳假象高拉碳的不良后果，否则可能造成碳出格。

（3）钢样火花判碳与温度的关系很大，要注意温度的影响，也要防止高碳假象低拉碳或低碳假象高拉碳的不良后果，否则也可能造成碳出格。

（4）判温的方法有好几种，要注意综合考虑。钢、渣判温要互相参考、补充，确保判温准确。

6.4.4.3　知识点

（1）终点

转炉炼钢经过装料、供氧、造渣等操作和炉内发生一系列物理化学反应后，使金属液体温度和成分等符合所炼钢种的要求，此时刻称为终点。所炼钢种的要求称为终点要求或终点条件。

（2）终点条件（终点标志）

1）钢中碳达到所炼钢种要求的终点碳含量范围。

2）钢中磷、硫含量要符合所炼钢种对终点磷、硫含量的要求。

3）终点温度符合所炼钢种要求的出钢温度。

4）对高质量品种钢及沸腾钢，应符合钢水的氧化性要求。

（3）冶炼终点判断

主要是判断碳、磷、硫、锰及温度，这些内容前面已经叙述。

（4）影响火焰判碳的因素

1）温度。温度影响火焰判碳的因素参阅文献［1］2.5.4。

2）炉龄。炉役前期。由于新炉子炉膛较小，氧气流股对熔池的搅拌作用强烈，化学反应速度快，而且此时期炉口相对较小，出口火焰显得有力，会产生高碳假象，要防止低拉碳。

炉役后期。由于炉膛较大，氧气流股对熔池的搅拌力较弱，化学反应速度较慢；而且后期炉口扩大，出口火焰相对要软弱得多，易产生低碳假象，要防止高拉碳。

3）枪位（氧压）。枪位（氧压）影响火焰判碳的因素参阅文献［1］2.5.4。

4）炉渣情况。炉渣情况影响火焰判碳的因素参阅文献［1］2.5.4。

思考题 6 - 4 - 4

（1）冶炼终点判断的内容有哪些？

（2）终点判碳有哪几种方法？

（3）终点判温有哪几种方法？

【自我评估】

（1）硅锰氧化期的火焰特征如何，火焰特征有异常时应如何对应操作？

（2）碳氧化期的火焰特征有哪些？

（3）炉渣返干时的火焰特征是什么？

（4）炉渣返干的原因有哪些？

（5）预防和处理炉渣返干的措施有哪些？

（6）喷溅时火焰有什么特点？

（7）造成喷溅的原因有哪些？

（8）如何预防喷溅的发生？

（9）如何按照钢样碳花弹跳高度和形貌判碳？

（10）估碳时要注意什么问题，为什么？

（11）火花估碳的基本原理是什么？

（12）如何根据火焰特征来判断钢水温度的高低？

（13）当钢水温度偏高或偏低时，应如何处理？

【评价标准】

按表 6 - 2 进行评价。

表 6 - 2　评价表

考核内容	内　容	配分	考核要求	计分标准	组号	扣/得分
项目实训态度	1. 实训的积极性； 2. 安全操作规程遵守情况； 3. 遵守纪律情况	30	积极参加实训，遵守安全操作规程，有良好的职业道德和敬业精神	违反操作规程扣20分； 不遵守劳动纪律扣10分	1	
					2	
					3	
					4	
					5	
软件基本操作	1. 会初始化各项生产参数； 2. 能基本完成转炉冶炼仿真实训全部流程	30	掌握基本冶炼操作	系统初始化操作10分； 基本冶炼操作20分	1	
					2	
					3	
					4	
					5	

考核内容	内　容	配分	考核要求	计分标准	组号	扣/得分
安全生产	学习冶炼岗位安全操作规程	40	能根据异常工况和危险工况采取相应处置措施	根据异常工况和危险工况，采取相应处置措施40分	1	
					2	
					3	
					4	
					5	
合　计		100				

学习情境 5 典型钢种的计算机仿真操作Ⅲ

任务 7 SPHC 钢种的计算机仿真操作

【任务描述】

通过在计算机上运行转炉冶炼仿真软件，对典型钢种 SPHC 仿真操作，掌握转炉冶炼仿真操作要领、对 SPHC 钢种的冶炼的操作步骤、冶炼注意事项和安全生产等内容进行仿真操作训练。

【任务分析】

技能目标：
(1) 熟悉冶炼前的准备工作，并选取操作用具；
(2) 据所炼钢种的要求选用合适的冶炼方法、设备和原材料；
(3) 会进行转炉冶炼的物料和热平衡计算。

知识目标：
转炉冶炼过程所需的物理化学知识。

【知识准备】

7.1 脱磷操作

7.1.1 操作步骤或技能实施

7.1.1.1 转炉冶炼脱磷

转炉炼钢过程的脱磷是一个氧化脱磷的过程，要保证转炉内的有效脱磷，就要有合适的供氧制度和造渣制度等。采用合适的供氧制度，保证各期炉渣的合适碱度和渣中 (FeO) 含量，以达到快速、高效的脱磷。为了更有效地除磷，在造渣方式上，根据需要，可由原来的单渣法发展到双渣法、双渣留渣法等操作；在出钢制度上，采用碱性包衬红包出钢、低温未脱氧出钢、挡渣出钢等措施。

某厂在冶炼超低磷钢时使用前期脱磷的技术，采用顶吹低氧流量、高枪位、底吹高流量的搅拌气吹炼技术，经大约 10min 的吹炼，可将铁水中 $w[P]$ 从 0.08% 降至 0.003% ~ 0.008%，炉渣碱度控制在 3.2 ~ 3.6。采用双渣脱磷技术，前期脱磷后，排除炉渣，再造渣按常规模式吹炼，直至停吹，吹炼终点钢中 $w[P]$ 可降到 $(10 ~ 28) \times 10^{-6}$。

7.1.1.2　加入渣料

首先按铁水硅、磷含量计算石灰等一系列渣料总加入量。渣料一般分两批加入：

第一批在降枪吹氧的同时加入，数量约为渣料总量的一半。

第二批应在第一批渣料基本熔化，硅、锰基本氧化结束，而碳开始剧烈氧化时加入为宜。第二批渣料一般分成几小批加入，最后一小批必须在终点前 3~4min 加完。

7.1.1.3　控制枪位

一般讲，高枪位促使（FeO）提高，有利于化渣，而低枪位有利于反应进行，使（FeO）降低。

对脱磷来说，希望前期渣中（FeO）提高，使石灰早化，形成高（FeO）、高碱度炉渣，所以希望前期有较高枪位，但要兼顾熔池升温要求，前期枪位也不能过高。

7.1.1.4　控制过程温度及终点温度

要控制冶炼的前期温度偏低，因为低温有利于去磷反应的进行。但前期温度也不能过低，必须是保证化好前期渣所需温度范围的低限。

控制过程温度使之逐步升高，保证过程渣化透。

控制终点温度不过高，如已出现过高炉温，则必须加冷料降温，因为高温会使渣中磷回到钢中去。所以后期温高的炉次要求补加石灰。

7.1.2　注意事项

（1）转炉渣料一般分两批加入，第二批渣料的加入时间一定要适宜。

1）第二批渣料加得太早，此时炉温还偏低，加入第二批渣料更不利于化渣，延长了冶炼时间。

2）第二批渣料加得太迟，届时碳氧反应已经非常剧烈，（FeO）已下降，不利于化渣，而且此时温度已较高，加入第二批渣料容易造成熔池温度短时间的突然下降和（FeO）的过分积累，会诱发爆发式的碳氧反应，引起喷溅，造成事故。

（2）低温去磷容易，所以要求控制温度偏低些，尽量在前期多去磷。

（3）枪位控制要根据炉况来不断调节，既要满足低温脱磷、石灰熔化的要求，又要满足加快所有反应的要求。

（4）出钢过程中要采取挡渣措施，尽量减少下渣，以防止和减少回磷，确保钢质。

7.1.3　知识点

转炉脱磷方法

氧气顶吹转炉所用的钢铁料以铁水为主，适当配入废钢，所以炉料中的含磷量较高。其主要工艺过程是吹氧和造渣。如前所述，氧化脱磷要求在偏低的温度下造流动性良好的碱性氧化渣。在氧气顶吹转炉中，必须根据铁水的磷含量和冶炼钢种对磷的要求来确定造渣方法。按照铁水的磷含量，可以将铁水分为 3 类：

低磷铁水：$w[P] \leqslant 0.15\%$；

中磷铁水：$w[P] = 0.2\% \sim 0.6\%$；

高磷铁水：$w[P] \geqslant 1.5\%$。

氧气顶吹转炉造渣有单渣法、双渣法、双渣留渣法和喷吹石灰粉法。下面仅简要说明这几种造渣操作与脱磷的关系。

A　单渣法操作

氧气顶吹转炉用低磷铁水冶炼一般碳素钢和低合金钢，或者所炼钢种对磷硫含量要求不高时，采用单渣法操作，即吹炼一炉钢中间不倒渣，渣料一般分成两批加入。

单渣法操作工艺比较简单，冶炼时间短，成本低，劳动条件好，脱磷效率可达 90% 左右（可将低磷铁水中的 $w[P]$ 降到 0.045% 以下）。

B　双渣法操作

当铁水含 $w[P]$ 在 0.6% ~ 1.5% 的范围或铁水含硅 $w[Si] > 1.0\%$，或要求生产低磷的中、高碳钢时，采用双渣法操作，即整个吹炼过程中要倒出或扒出部分炉渣（约 1/2 ~ 2/3），然后重新加入渣料造渣。根据铁水成分和所炼钢种的要求，也可多次倒渣造新渣。采用双渣法操作中途倒渣的好处是：

（1）吹炼前期温度较低，渣中（FeO）含量较高，有利于脱磷；倒渣可以将含磷量高的前期炉渣倒去一部分，提高脱磷效率。

（2）初期渣中（SiO_2）含量较高，倒出后可以节省石灰的消耗量而保持高的炉渣碱度，也可以减轻对炉衬的侵蚀。

（3）可以消除大渣量引起的喷溅。倒渣的时机应该选择在渣中含磷量最高、含铁量最低的时刻，达到铁损最少的效果。双渣法操作，通常脱磷效率可高达 92% ~ 95%。

C　双渣留渣法操作

当铁水的磷含量高于 1.5% 时，即使采用双渣法也难以使磷含量降到规格范围以内，所以要采用双渣留渣法操作。将上炉高碱度、高氧化铁、高温度和流动性好的终渣留一部分在炉内，以加速初期渣的形成。表 7 -1 是转炉终渣成分的一个实例，可见转炉终渣留在炉内对提高前期去磷率、去硫率和炉子热效率都十分有利。

表 7 -1　转炉终渣成分实例　　　　　　　　（%）

FeO	SiO_2	CaO	MgO	P_2O_5	MnO
15.7	11.9	47.7	5.8	2.7	6.3

在留渣操作时，兑铁水前要先稠化炉渣，否则会产生喷溅，甚至造成安全事故。

D　喷吹石灰粉法操作

为加快成渣速度、吹炼高磷铁水，可以采用喷吹石灰粉造渣，并根据钢水成分决定吹炼过程中是否摇炉倒渣及倒渣次数，一般能使 $w[P]$ 降到 0.03% 以下。但这种方法不仅需要一套喷粉设备，而且粉尘量大、劳动条件差，石灰粉又易水化，管理、输送均比较困难。

根据以上的分析比较，单渣法操作简单、稳定，有利于自动控制，因此对于含磷、硫、硅高的铁水，最好是预处理，使其进入转炉前能符合炼钢的要求。

E　转炉各期脱磷分析

（1）吹炼前期。这阶段熔池温度比较低，这对脱磷是一个极有利的条件。决定本期脱磷效率的主要因素是成渣情况，保证迅速造成具有较高碱度和高氧化铁、流动性良好、一定数量的炉渣，可以使脱磷过程快速进行。此时应适当地提高枪位，

使渣中 $w(FeO)$ 达到 $18\% \sim 25\%$。但过高的枪位会减弱对熔池的搅拌，对于脱碳和脱磷都是不利的。

影响初期脱磷效率的另一个因素是铁水中的含硅量。铁水含硅量过高，会阻碍石灰的熔化，使吹炼初期脱磷的缓滞阶段拖长。当铁水 $w[Si] > 0.3\%$ 时，便开始明显影响脱磷的进行。这不仅是由于硅含量高，而且铁水中的硅大量地消耗（FeO），从而使炉渣中（FeO）浓度较大幅度地下降。

（2）吹炼中期。此时熔池温度已升高，碳的氧化速度趋于峰值，强烈地消耗渣中的（FeO），使 $w(FeO)$ 降低到 $7\% \sim 10\%$，不仅使碱度上升迟缓，而且出现返干现象。此时金属中的磷含量变化不大，甚至发生回磷现象。为此应适当提枪化渣，并适当控制吹炼中期的温度在 $1600 \sim 1630℃$ 之间。

（3）吹炼末期。由于脱碳速度减小，渣中（FeO）逐渐积聚，加上此时钢水已接近出钢温度，石灰得以充分溶解，熔渣的碱度得以进一步的提高，因而钢中的磷含量继续降低。停吹前的熔渣碱度、（FeO）、温度、终渣量和是否倒渣都与钢中的磷含量有关，脱氧前钢水中 $w[P]$ 一般为 $0.015\% \sim 0.045\%$。在其他条件相同时，所炼钢种的碳含量越低，则钢中的磷含量也越低。

思考题 7 - 1

（1）脱磷有哪些主要操作方法？

（2）脱磷反应方程式及其反应条件有哪些？

7.2　大型转炉的脱硫

7.2.1　操作步骤或技能实施

对于大多数钢种，硫是有害的元素。它在钢中所形成的硫化物会降低钢的韧性，硫化锰夹杂是钢基体点腐蚀的发源地，钢的氢脆与钢中硫化物夹杂也有密切关系。现在很多重要用途的钢中硫含量越来越低，例如一般深冲钢、冷拉钢要求 $w[S] < 0.015\%$，特殊深冲钢、高强度钢、轴承钢要求 $w[S] < 0.010\%$，航空、石油、原子能等工业用钢要求 $w[S] < 0.002\%$。所以，炼钢过程中的脱硫非常重要。

本技能包括转炉吹炼过程熔池中硫含量的变化，吹炼终点钢中硫的分布以及渣钢之间脱硫反应的平衡，各主要炼钢工艺参数对终点钢中硫含量的影响，以及硫的物料平衡等。

7.2.1.1　生产条件

主要产品为深冲钢、管线钢、耐候钢、IF 钢等，炼钢脱硫在大型氧气复吹转炉中进行。要求炼钢用铁水成分：$w[C] = 0.30\% \sim 0.50\%$，$w[Mn] \geqslant 0.40\%$，$w[S] \leqslant 0.040\%$，$w[P] \leqslant 0.10\%$。根据所炼钢种进行铁水脱硫。

在吹炼过程中用副枪进行取样、测温，以了解吹炼过程中熔池成分和温度的变化。吹炼终点进行取样、测温，对所取的金属和炉渣试样进行化学分析。

7.2.1.2　吹炼过程中熔池硫含量的变化

（1）冶炼一般钢种（$w[S] \leqslant 0.015\%$）吹炼过程中硫的变化。入炉铁水 $w[S] \leqslant 0.005\%$，铁水比 80%，市场统购废钢 20%。

吹炼开始后 3.8 min，液相金属中的硫含量即增加到 0.009%，这时增加的硫主要来自铁水脱硫渣和加入的造渣材料。铁水脱硫渣带入的硫为 8 ~ 10 kg/炉（300t 大转炉），相当于溶池中增加硫 0.003%。吹炼中期废钢大量熔化，使熔池中硫上升到 0.017%。吹炼中期炉渣碱度不高，不能有效地进行脱硫。到吹炼后期，石灰熔解加快，终渣碱度达到 3 以上，渣量增加到吨钢约 100 kg，熔池温度升高到 1650℃ 左右。这些条件都有利于脱硫反应的进行。炉渣中的硫在吹炼后期明显增加，钢中硫含量下降到 0.011%。

图 7 - 1 是转炉吹炼过程中三个炉次不同时刻脱硫率的变化。炉渣和金属熔池中的硫含量是副枪取样分析数据。由图 7 - 1 可见，吹炼前期（占总吹炼时间 25%）脱硫率约为 10%；吹炼中期，进入渣中的硫与废钢熔化所增加的硫大致平衡，使脱硫率保持在 10% 左右；吹炼后期脱硫率迅速提高。图 7 - 1 中的三炉脱硫曲线彼此接近，表明上述脱硫率的变化有较强的规律性。根据统计，其脱硫率平均为 31%。

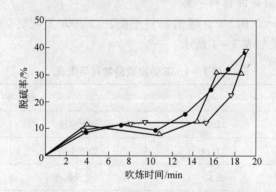

图 7 - 1　吹炼过程中脱硫率的变化

（2）冶炼低硫钢种 $w[S] < 0.008\%$ 吹炼过程中硫的变化。在生产低硫钢时，主要措施包括采用本厂返回废钢、进行铁水深脱硫（$w[S] \leqslant 0.005\%$）、尽量扒净脱硫渣和适当提高炉渣碱度等措施。

整个吹炼过程中，液体金属 $w[S]$ 在 0.004% ~ 0.006% 范围内波动。液体金属硫含量与入炉铁水硫含量相比增加很少，主要因为采用本厂返回的低硫废钢，对熔池基本上不产生增硫作用。与外购废钢相比，本厂返回废钢所带入的硫减少。生产低硫钢时，铁水带渣量较少，使炉料中的总硫量有所降低。提高炉渣碱度，有利于降低钢中硫含量。

7.2.1.3　吹炼终点钢中硫含量的状况

经统计，吹炼终点钢水及炉渣成分如表 7 - 2、表 7 - 3 所示。生产钢中 85% 炉次要求 $w[S] \leqslant 0.015\%$，其中 25% 要求 $w[S] \leqslant 0.008\%$。目前的原料条件和工艺制度可以满足所炼钢种对硫含量的要求。采用铁水金属镁脱硫，铁水中 $w[S]$ 降低到 0.002%，吹炼终点钢中硫 $w[S]$ 可降低到 0.003%。

表 7 - 3 是吹炼终点炉渣的平均成分，其波动范围较大，这是由于冶炼不同钢种时所要求的炉渣碱度有差别。在采用溅渣护炉后，渣中 $w(MgO)$ 达到 8% ~ 10%，炉渣碱度稍有下降。

表 7 - 2　吹炼终点钢水成分　　　　　　　　　　（%）

项　目	C	Mn	P	S
平均值	0.054	0.145	0.013	0.011
标准差	0.016	0.050	0.005	0.005

表 7 - 3　吹炼终点炉渣成分　　　　　　　　　　（%）

项　目	CaO	SiO₂	MgO	P₂O₅	TFe	S	碱度
平均值	47.10	13.07	6.80	1.67	18.20	0.055	3.8
标准差	3.91	3.03	1.33	0.31	3.73	0.019	1.1

7.2.1.4　转炉炼钢硫的物料平衡

普通含硫钢 $w[S] \leqslant 0.015\%$，硫的物料平衡，以 300t 复吹转炉某炉次吹炼终点硫的物料平衡为例，其结果如表 7 - 4 所示。

表 7 - 4　某炉次硫的物料平衡表　　　　　　　　　　（%）

硫　收　入		硫　支　出	
铁水中硫	12.94	钢水中硫	32.69
废钢中硫	21.14	炉渣中硫	14.24
铁块中硫	2.80	气化及其他	2.12
造渣料中含硫	2.57		
脱硫渣中带入硫	9.60		
总　计	49.05	总　计	49.05

由表 7 - 4 可见，废钢所带入的硫占炉料中总硫量的 43.09%，脱硫渣所带入的硫占炉料中总硫量的 19.58%，应尽量减少铁水带渣。在硫支出项目中，炉渣中硫占总硫量的 29.4%，气化脱硫在硫的总支出中所占比例不大。

7.2.2　注意事项

（1）注意上一炉冶炼的去硫情况，注意本次铁水含硫量、铁水温度和所炼钢种的要求硫含量。

（2）注意过程温度逐步提高和后期温度不要偏低，对去硫有利。

7.2.3　知识点

氧气顶吹转炉的脱硫主要在中期和后期。一般情况整个吹炼过程去硫率仅 40% 左右，最高只能达到 60%。

硫在吹炼过程中的变化分为前期、中期和后期三个阶段，见图 7 - 2。曲线 1 为单渣法，曲线 2 为双渣留渣法操作。

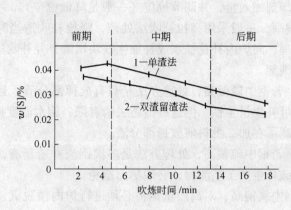

图 7 - 2　吹炼过程 $w[S]$ 的变化

（1）吹炼前期。由曲线 1 说明，从开吹到大约 30% 时间内，由于开吹后不久熔池温度低，渣中氧化铁含量高，石灰成渣较少，所以脱硫能力很低，甚至石灰带入的硫使金属中硫含量增加。若初期渣化得早，这种现象可缩短一些。曲线 2 说明，若用双渣留渣法操作，前期的温度和炉渣碱度大为提高，前期脱硫效率可达20% ~40% 。

（2）吹炼中期。无论采用单渣或双渣留渣操作，此期是脱硫的最好阶段。这是因为此时熔池温度已经升高，石灰大量熔化，炉渣碱度上升。由于碳的强烈氧化，渣钢有良好的搅拌作用，并且渣中（FeO）量降低，所有这些现象都有利去硫，但此阶段（FeO）不能过低，否则会由于炉渣返干严重而恶化脱硫。

（3）吹炼后期。此时碳的氧化速度虽然减慢，熔池搅拌条件不如中期，但熔池温度高，石灰溶解量大，炉渣碱度高，流动性也好，仍然能有效地脱硫。

脱硫条件和硫的变化规律说明，只要造好高碱度、一定氧化性的炉渣，并保证较大渣量和熔池较高温度并活跃，是能够完成脱硫任务的。

思考题 7 – 2

（1）脱硫的基本操作是什么？

（2）转炉中硫的变化规律如何？

（3）转炉炼钢计算硫的物料平衡有何意义？

7.3　转炉冶炼终点的控制

7.3.1　操作步骤或技能实施

（1）认真观察火焰，根据火焰特征判碳和判温。

（2）判温还可以结合看渣样、看钢样结膜时间、氧枪冷却水进出水的温差、炉膛情况等来进行，还可以结合热电偶测温来判断。

（3）当冶炼接近或到达终点时，取出其有代表性的钢样。根据钢样特征和火花特征进行判碳、判磷；也可以判硫，但难度较大。

（4）判断后的控制方法：

1）温度。若温度偏高，补加适量的冷却剂，并调节枪位（一般是提高枪位）；若温度偏低，适当减少冷却剂加入量，并调节枪位（一般是降低枪位）。

2）钢中碳。碳偏高，一般采用高拉补吹法处理，降枪补吹适当时间，同时补加适量冷却剂；碳偏低的处理，向炉内补兑铁水或补加生铁块增碳，并补吹适当时间，出钢时向钢包内添加适当的增碳剂。

3）钢中磷偏高。若钢中磷偏高，处理办法是只有放掉部分渣，且造高氧化铁高碱度渣。如碳低而磷高，可补少量生铁。但这些措施去磷有限，钢水温度损失过多。所以要在前期化好渣。铁水磷高可在加二批料前放掉部分渣。

4）钢中硫偏高。若钢中硫偏高，处理方法是多次倒渣并造新渣，有时可加锰铁，使硫逐步降低。但这将破坏生产工艺流程，必须尽力避免。

5）钢中氧。若钢中氧偏高，对高质量钢种必须进行炉内预脱氧，一般钢种可在出钢过程中酌情增加脱氧剂量；若氧偏低，应在出钢过程中酌情减少脱氧剂量。

（5）当确认冶炼已经达到终点时，必须再次用热电偶测温枪进行测温、取样，送化验室进行全分析，其结果作为出钢的依据，并填入操作工艺原始记录表中，以备查考之用。

7.3.2　注意事项

（1）温度控制是指过程温度控制和终点温度控制。终点温度准确是冶炼控制的最终目的之一，而过程温度是控制好终点温度的关键和保证，所以保证终点温度符合要求的着眼点是控制好过程温度。操作工人首先要量准装入量和算对冷却剂的加入量，在整个冶炼过程中观察火焰特征、化渣情况，并随时调整工艺操作，以保证升温正常，终点温度准确。

（2）为确保终点钢水的硫、磷符合要求，应注意以下几点：

1）检查入炉原材料的质量，确保其硫、磷含量符合操作规格要求。

2）注意观察温度和渣况，并不断调整造渣操作和枪位操作，确保初渣早化、中期化透，在冶炼过程中保持正常、较高的去硫率、去磷率。

3）现代炼钢必须发展铁水预处理（至少预脱硫）和炉外精炼，这是冶炼工艺合理化，保证全连铸体制能够正常运行的必要条件。

7.3.3　知识点

7.3.3.1　应用高拉补吹法处理碳高

高拉补吹法是拉碳操作的一种方法。特别是吹炼中、高碳钢，由于在其含碳范围内脱碳速度快，火焰变化不明显，火花也不容易观察，一次拉碳就把终点碳拉准是很不容易做到的，所以基本都采用高拉补吹法：按所炼中、高碳钢种要求的终点碳中限更高的碳含量进行拉碳；取样分析；然后根据试样碳和钢种要求终点碳的差值和这含碳量范围的脱碳速度补吹一定时间，以达到要求的碳含量。由于补吹会提高炉温，故一般需补加适量的冷却剂，防止在降碳合格后炉温过高。

7.3.3.2　采用增碳法处理碳低

吹炼中、高碳很难准确拉碳，而多次补吹会增加铁的氧化，对炉衬反复冲刷造成很大危害。增碳法也是炼中、高碳钢的操作方法：按炼低碳钢钢种要求进行拉碳，然后在出钢过程中加增碳剂，使碳增加到所炼钢种的要求范围。增碳法也可以对碳过低进行补吹。

采用增碳法处理碳低要掌握以下两点：一是所用的增碳剂要纯，否则会污染钢水，而且夹杂是在终点后进入的，很不容易去除；二是增碳量要准确，即增碳剂含碳量要稳定，加入量要准，加入方法要恰当，以保证其稳定的收得率和准确的增碳量。

7.3.3.3　高拉碳法与增碳法的比较

（1）高拉碳法控制终点，由于缩短了冶炼时间，终点钢水含氧量较低，溶于钢液中的氢气、氮气也较少，钢液的内生非金属夹杂物少，从而减少了钢中气体对钢性能的影响，钢水质量有明显改善。

（2）增碳法控制终点几乎完全靠沥青焦增碳到钢种成分范围的要求。而高拉碳法控制终点是利用溶液本身的碳来满足钢种成分要求，所以高拉碳法控制终点沥青焦用量少。

（3）高拉碳法控制终点，终渣（FeO）含量较低，所以金属收得率较高，脱氧合金化元素用量少。

（4）终渣（FeO）含量较低，减少对炉衬的化学侵蚀，对延长炉龄十分有利。

（5）高拉碳法控制终点缩短了冶炼时间，氧气耗量低。

（6）但是高拉碳法炉内热量收入少，不利于提高废钢比。

（7）高拉碳法控制终点，冶炼时间缩短，不利于去除磷、硫。

7.3.3.4　工艺改进

从以上两种拉碳方法的对比中可以看出，高拉碳法控制终点，对提高钢水质量和降低生产成本十分有利。为此，转炉应采用高拉碳法控制终点，并对炉前冶炼工艺进行调整：

（1）装入制度。采用高拉碳法，枪位比普通枪位控制得稍高，供氧时间缩短，冶炼周期缩短，炉内化学反应热减少，所以应适当减少冷却剂用量，将冷料比控制在15% ~ 20%。

（2）造渣制度与枪位控制。由于高拉碳法冶炼时间短，熔池温度低，对脱磷、脱硫不利，所以，在控制枪位上应采用高—低—高—低 4 段式枪位。

1）前期采用较高枪位，保证前期渣化好化透。造渣材料石灰要在吹炼前 10min 以内加入，并加入 200 ~ 300kg 矿石辅助化渣，以创造高（FeO）、大渣量、高碱度、低温的炉渣环境，提高前期去磷效果。

2）中后期是脱硫的最好阶段，此时熔池温度已升高，石灰大量溶化，炉渣碱度上升。由于碳的强烈氧化，对渣钢有良好的搅拌作用，但要特别注意，此阶段枪位不可太低，以防止由于剧烈脱碳而使（FeO）过低，造成炉渣返干而恶化脱磷、脱硫效果。所以，中、后期枪位应采用高枪位，保证炉渣有良好的流动性。

3）终点前枪位逐渐压低，终点降枪时间不少于 30s，以均匀钢水成分，使钢水样能真正反映炉内情况。

4）经过上述冶炼过程，碳、磷、硫和温度符合出钢要求时，可以一次倒炉出钢。倒炉时，先向后摇炉，再向前倒炉取样。拉碳范围 $w[C] = 0.08\% ~ 0.03\%$。如果碳、磷、硫或温度不符合出钢要求，可采用高拉一次补吹法。

（3）取样。终点取样时，样勺内钢水要有渣层覆盖，用铝条脱氧后，扒渣打样，确保钢水样能如实反应钢水成分。

7.3.3.5　终点碳的判断

高拉碳法终点碳的判断除根据炉前化验室及炉口火焰、火花判断外，还应根据实际情况考虑炉龄、温度、枪位、氧压等因素的影响，对终点碳做出正确判断。

7.3.3.6　出钢温度的确定

确定某钢种出钢温度的主要因素为：

基本因素是所炼钢种的凝固温度。纯铁的凝固温度为 1538℃，纯铁中加入任何元素都会使其熔点下降，根据不同钢种可以计算出不同的凝固温度。

另一个因素是出钢热损失（包括出钢过程热损失和镇静热损失），其热损失的具体数值要根据各厂的具体情况而定，一般与出钢时间、镇静时间、钢包大小和新旧程度及烘烤温度等有关。

另外，铸坯断面大小、浇注方法对出钢温度也有一定影响。

思考题 7 - 3

（1）如何准确控制终点？

（2）处理终点碳的方法有哪两种？

7.4　沉淀脱氧

7.4.1　操作步骤或技能实施

（1）掌握所炼钢种的终点成分规程要求及该炉吹炼终点各元素的实际含量。

（2）了解所加铁合金（脱氧合金）的主要元素成分。

（3）根据熔池实际情况确定合金元素回收率。

（4）根据原材料及冶炼情况正确估计钢水量。

（5）掌握合金加入量计算公式，并能正确计算出各铁合金加入量。

（6）用小推车准备好要加入的铁合金，或在称量料斗内放入所要加入的铁合金。

（7）一般在 $\frac{1}{4} \sim \frac{3}{4}$ 出钢量间将脱氧合金随钢流加入钢包内。

（8）转炉在出钢过程中由炉长控制加铝，控制脱氧，精炼炉在冶炼完毕吊包前，插铝进行终脱氧。

7.4.2　注意事项

（1）合金回收率

合金回收率的影响因素很多，相同的合金，在不同的钢水冶炼中，其回收率不一定相同。除需在理论上掌握各种影响因素外，主要靠在实践中不断积累经验，掌握其影响规律。合金元素回收率选择得是否正确，将直接影响到钢中元素含量的高低，甚至会造成元素出格报废。

（2）钢水量

确定钢水量时要充分考虑到以下几点：

1）铁水加入量；

2）正常吹炼时铁水收得率；

3）废钢加入量（注意废钢的等级）；

4）冶炼时喷溅程度和吹炼时间；

5）根据上炉情况调整铁合金的加入量。

钢水量估得不准，如估得多了（或少了），相对而言铁合金就加得太多（或太少），造成元素波动很大，甚至造成元素出格报废。多加合金即使不出格报废，也浪费了合金，提高了生产成本。

（3）合金的计算、储存

计算合金时，运用公式要正确，计算的结果与常规同量进行对照，如有出入应加以复核。新炼钢种合金计算应由专人复核。各种脱氧剂不仅要分类堆放，确保种类、成分正确，而且还要保持清洁、纯净（不混入杂物）和干燥（一般使用前应经过烘烤）。

7.4.3　知识点

7.4.3.1　沉淀脱氧的原理与特点

炼钢中脱氧方法有沉淀脱氧、护散脱氧和真空脱氧，而在转炉炼钢中主要用的是沉淀脱氧。

沉淀脱氧是指将脱氧剂直接加入钢水中与氧结合，生成稳定的氧化物，氧化物沉淀出来和钢水分离，上浮进入炉渣，以降低钢中氧及氧化物的目的。沉淀脱氧也称直接脱氧。

A　沉淀脱氧的原理

钢中氧可以看作以 FeO 的形态存在。凡是与氧的亲和力大于 Fe－O 亲和力的元素，都能够从 FeO 中把氧置换出来，都可以作为脱氧剂使用。

如果某元素 M 与氧的亲和力大于 Fe－O 的亲和力，那么向钢水中加入元素 M 后，即可还原钢中的 FeO，生成不溶于钢水的稳定的氧化物 M_xO_y，它从钢水中分离出来，上浮到渣中，最后成为（M_xO_y）离开钢液而起到脱氧作用。

B　沉淀脱氧的特点

（1）此种方法是将脱氧剂直接加入钢水之中，其反应式为：

$$x[M] + y[O] =\!=\!=(M_xO_y)$$

式中，[M] 为某一种脱氧元素；（M_xO_y）为脱氧产物。

脱氧产物（M_xO_y）在钢水之中先形成小核心，凝固长大后再从钢水中上浮到渣中。少量脱氧产物滞留在钢水中，就成为钢中的氧化物夹杂。为此沉淀脱氧希望其脱氧产物熔点尽可能低，易于凝聚，且密度小，有利于从钢水排入炉渣而去除。

（2）铝脱氧产物 Al_2O_3 虽然是固体，但其表面张力大，容易离开钢液而去除，称为疏铁性氧化物。

（3）沉淀脱氧常用方法是将脱氧剂（铁合金）加入钢包内。这种脱氧操作工艺简单，成本低，脱氧效率高，因而这种沉淀脱氧方法在转炉上得到广泛的使用。

7.4.3.2　选择脱氧剂

（1）冶炼优质钢常需要进行炉内预脱氧，脱氧剂一般选用铝铁或铅（电炉用）。

（2）冶炼［S］低的钢种或者沸腾钢，一般不能选用 Fe－Si 作为脱氧剂。

（3）冶炼［C］低的钢种，不能用高炉锰铁等碳高的合金；优质钢不能含硫、磷高的合金。

（4）一般钢种都可采用 Fe－Mn、Fe－Si 和铝作为脱氧剂。一般加入顺序为先 Fe－Mn，再 Fe－Si，最后加铝。但也有先加铝后加锰、硅的操作法。

（5）铝是强脱氧剂，大多为终脱氧用。一般中小转炉加铝量由炉长按现场钢水情况进行控制。若终点能定氧，则可按测得的含氧量计算出所需的加铝量。

（6）Fe－Mn－Al、Si－Al－Ba、Si－Al－Ba－Ca 是优良的复合脱氧剂，能提高脱氧效率，使生成的夹杂物去除得更多。

7.4.3.3　脱氧剂加入量的确定

（1）Fe－Mn、Fe－Si 加入量按合金化要求计算加入量。

（2）铝加入量。作为终脱氧，可按工艺规程规定，就现场情况作适当调整；含铝钢种则要根据合金化要求计算其加入量；对于沸腾钢，要根据钢包内钢水的沸腾情况判断钢水氧化性，从而决定加铝量的多少，若判断失误将造成整炉钢报废。对镇静钢，可根据要求的晶粒度确定加铝量。

7.4.3.4　脱氧剂收得率的确定

脱氧剂收得率的影响因素很多，如终点碳含量、钢包内渣层厚度、渣子黏度、钢水温度，炉渣和钢水的氧化性，加入合金种类、数量等等，确定脱氧剂收得率应进行综合考虑。

在转炉冶炼中，由理论与实践总结出一般脱氧用的铝收得率很小，不予计算；沸腾钢中锰铁收得率为 65%～75%；镇静钢中锰铁收得率为 75%～85%；镇静钢中硅铁收得率为 65%～75%。只有正确地确定脱氧剂的收得率范围，才能正确地计算脱氧剂的加入量。

7.4.3.5　脱氧顺序与钢质量的关系

脱氧顺序与脱氧产物排出有关，也直接影响着钢质量。

普通钢脱氧顺序是先弱后强，具体加入顺序是 Fe－Mn→Fe－Si→Al。这样使弱脱氧剂在钢水内均匀分布时，加入强脱氧剂，便于形成低熔点的化合物，成为液体颗粒，使脱氧产物易上浮而排除。但该加入法会造成钢水中局部浓度集中，也不利于形成液体脱氧产物。

目前的发展趋势是脱氧剂的加入顺序为先强后弱，或前强中弱后强，例如 Al→Fe－Si→Fe－Mn，这样提高了硅和锰的收得率，而且使收得率稳定。这种脱氧方法提高了脱氧产物中稳定氧化物组成，减少了钢水的相互作用，有利于夹杂物的排除；有利于提高钢的成分合格率和纯净度。为防止加铝过多发生二次污染，此法应采用保护性浇注。

7.4.3.6　复合脱氧剂应用与钢质量的关系

复合脱氧剂的脱氧能力强，脱氧产物易排除，钢纯净、质量好，而且生成的夹杂物形态可以控制，以符合钢种的需要。炼钢中脱氧与合金化大多是同时进行的，有些铁合金既是脱氧剂，又是合金化元素，例 Fe－Si、Fe－Mn。具体合金化的操作和知识前已叙述。

思考题 7 – 4

(1) 沉淀脱氧的一般操作步骤有哪些?

(2) 沉淀脱氧的原理与一般特点有哪些?

(3) 如何选择脱氧剂?

7.5　摇炉倒渣

7.5.1　操作步骤或技能实施

吹炼结束, 提枪, 炉子处于垂直位置, 摇炉手柄处于 "0" 位置。

7.5.1.1　开始倒渣

(1) 将摇炉手柄缓慢拉至 0 ~ +90°之间的小挡位置, 使转炉慢速向前倾动。

(2) 当炉口出烟罩后, 拉动手柄至 +90°位置, 使炉子快速前倾。

(3) 当炉子倾动至 +60°位置时, 将手柄拉至 "0" 位, 让炉子停顿一下。

(4) 然后将摇炉手柄拉至 0 ~ +90°之间的小挡位置, 慢速逐步将炉子摇平 (炉渣少量流出为止) 此时立即将手柄放回 "0" 位。

(5) 此时看清炉长手势指挥: 或指挥炉口要高一点即前倾已过位, 或指挥炉口要低一点即炉子前倾不足。此时操作按要求的倾动方向点动即快速拉小挡和 "0" 位数次到位。注意炉子倾动到位后立即将摇炉手柄放回 "0" 位。这时炉子保持在流渣的角度上, 保持缓慢的正常流渣状态。流渣过程中还需根据炉长手势向下点动一两次炉子。

7.5.1.2　倒渣结束

(1) 将摇炉手柄由 "0" 位拉至 -90°, 炉口向上回正。

(2) 当炉子回到 +45°时, 摇炉手柄拉向 "0" 位, 让炉子停顿一下, 再将手柄拉向 0 ~ -90°之间的小挡位置, 使炉子慢速进烟罩。

(3) 当炉子转到垂直位置时即炉子零位, 将手柄拉至 "0" 位置。在炉子 "0" 位处倾动机构没有限位装置, 以帮助达到正确的 "0" 位。此时摇炉倒渣操作结束。

7.5.2　倒渣不能溢出钢水

倒渣不能溢出钢水, 否则会发生下列事故:

(1) 烧坏炉口水箱, 引起爆炸伤人。

(2) 烧穿渣包, 红钢粘住渣包车和铁轨。

因为两者均可造成停炉事故, 所以倒渣时炉子位置不能过低, 应在接近倒渣位置时缓慢降低炉子, 至渣子流出为止。

7.5.3　渣流不能过大

如渣流过大, 则易发生:

(1) 钢水溢出。

(2) 渣子溅出渣包。

操作中应注意:

(1) 接近或到达倒渣位置时, 摇炉操作工一定要注意炉长指挥手势。

（2）倒渣前要与炉下清渣操作工联系，保证炉下有渣包，并通知炉下操作工离开，所以一定要得到炉下反馈的同意倒渣的信号后才开始倒渣。

（3）倒渣时要控制倒炉速度，使炉内渣子不起波浪，要求渣面平稳（渣液面平稳即钢水面也平稳），可避免钢水、渣子泼出烫伤取样工。

7.5.4　知识点

（1）摇炉开关在操作室操作台正面中间位置有摇炉开关如图7-3所示（一般摇炉开关均安装在操作方便又显著的位置上）。

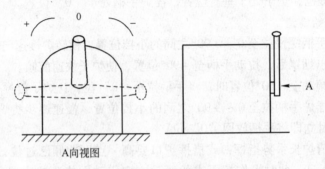

图7-3　摇炉开关

炉倾开关由一个主令开关或其他形式的开关组成，主要有3个工作位置：中间位置为"0"摇炉手柄置于此位时转炉止动；靠向炉子的水平位置为-90°位，摇炉手柄置于此位，转炉处于向后倾动状态，炉子倾动速度达到设计转速；靠向摇炉者的水平位置为+90°位，摇炉手柄置于此位，转炉处于向前倾动状态，炉子倾动速度也达设计转速，在"0"位→-90°（后倾）和"0"位→+90°（前倾）之间各有五挡过渡位，各挡内串联电阻的电阻值依次减小，使摇炉手柄从"0"位转到±90°位操作时，倾动速度从0开始逐渐加大至设计值。过渡挡也称为"小挡"。

（2）炉前操作室有关摇炉的仪表及开关，某厂有关摇炉操作的 C_1 面板及 D_2 面板的有关按钮、信号灯布置见图7-4及图7-5。

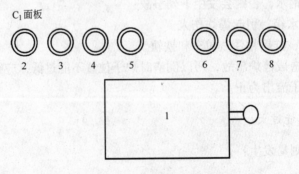

图7-4　C_1 面板仪表及开关

1—炉倾开关；2—解除炉子零位按钮；3—要求出渣按钮；

4—视线警铃按钮；5—炉前要铁皮按钮；6—同意出渣信号灯；

7—允许炉倾炉前信号灯；8—炉前要铁水信号灯

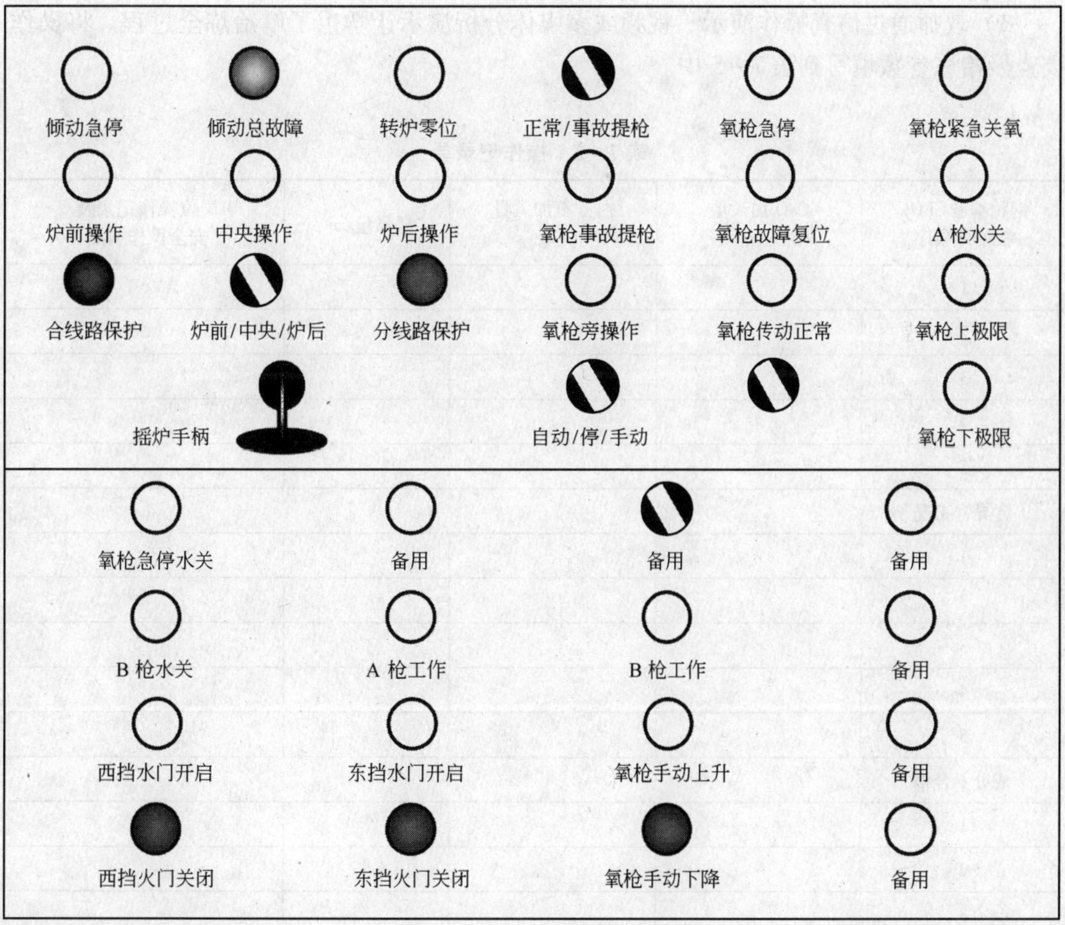

图 7-5　D_2 面板仪表及开关

正常吹，显示五个钮：转炉零位；中央操作；分线路保护（绿色）；氧枪传动正常；B 枪工作（红色）。

吹炼过程：前摇炉取样等，按合线保护；炉子摇正后，则按分线路保护。

炉向：打到炉后，则分线路保护、炉后操作、氧枪传动正常、B 枪工作 4 个灯亮

思考题 7-5

摇炉倒渣的操作步骤有哪些?

【任务实施】

（1）实施地点：转炉冶炼仿真实训室。

（2）实训所需器材

1）转炉冶炼计算机仿真操作系统；

2）安全生产防护装具；

3）生产计划任务单。

（3）实施内容与步骤

1）学生分组：4 人左右一组，指定组长。工作自始至终各组人员尽量固定。

2）教师布置工作任务：学生了解工作内容，明确工作目标，制订实施方案。

3）教师通过仿真操作演示、视频或多媒体分析演示让学生了解冶炼全过程。将操作要点及冶炼参数填写到表 7 - 5 中。

表 7 - 5　操作记录单

钢种编号 SPHC 按冶炼顺序	CaO 加入量 /kg	白云石加入量 /kg	氧累量/m³	岗位操作记录及 安全操作要点
1				
2				
3				
4				
5				
含异常工况				
1				
2				
3				
4				
5				
成分不合格				
1				
2				
3				
4				
5				

【知识拓展】

7.6　挡渣球挡渣出钢

7.6.1　操作步骤或技能实施

（1）在出钢前将挡渣球准备停当，放于炉后侧面平台上以备使用。

（2）在出钢结束前，大约出钢量占整炉钢水量的 $\frac{2}{3}$ 强时投入挡渣球，以求得最佳效果。

（3）观察到钢流突然变小时，立即摇起炉子。此时钢已出完，挡渣球堵住了出钢口，渣子基本不流出，挡渣出钢结束。

7.6.2　注意事项

（1）投放挡渣球的时间要适当。这是决定挡渣球挡渣效果的重要因素，过早过迟都不好。过早投放可能使挡渣球飘离出钢口，过迟投放则渣子已由出钢口流出。

（2）操作工人投放挡渣球时的站位一定要正确，即站位要隐蔽、安全。因为投送时站位较靠近炉子，且要看准看清才能投送，而投送时一般都会有炉渣溅出，如站位不正确又不注意及时退避就容易被溅出的炉渣烫伤。同时投送力量要均匀、平稳，较好的办法是用简单机械投送。

（3）出钢口的形状对挡渣球的挡渣效果有着直接影响，因此必须在平时对出钢口加强维护以保持出钢口的圆整。修补出钢口时，要使出钢口内口形状呈喇叭形，以求提高挡渣效果。

（4）挡渣球的密度应在钢水密度与炉渣密度之间，否则就起不到挡渣的作用。

7.6.3　知识点

7.6.3.1　挡渣球投送时间与地点

若投送得过早，挡渣球投入后尚有较长时间等待，有被熔化的可能，无法起到挡渣的作用。

若投送得太迟，此时炉内钢水已经很少，投入的挡渣球不容易及时到位，使挡渣失败。

投送挡渣球地点也要选择，不能离出钢口太远，也不能在出钢口正上方，因为出钢口正上方处钢水的负压相对较大，挡渣球在此负压和自身重力的共同作用下会迅速将出钢口堵塞，使炉内钢水无法出净。

7.6.3.2　挡渣球的结构

图 7-6 所示挡渣球是一只空心球体，由铸铁制成，内装砂子，外涂高温火泥。球内砂量可调节，以保证球体相对密度合适。也有用耐火炮泥在铁芯外制作挡渣球的。

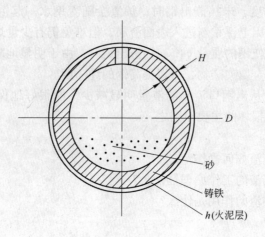

图 7-6　挡渣球

7.6.3.3　挡渣球挡渣出钢的基本原理

挡渣球挡渣出钢的基本原理：挡渣球的密度是决定挡渣效果的主要参数，其密度应介乎于钢水密度（$7.0t/m^3$）和炉渣密度（$3.4 \sim 3.5t/m^3$）之间。试验结果表明，挡渣球密度一般为 $4.0 \sim 5.0g/cm^3$。

若挡渣球密度偏小，挡渣时下渣量多，钢包内渣层厚；若挡渣球密度偏大，挡渣效果好，下渣量少，但炉内有剩余钢水。要找到一个最合适的挡渣球密度，使挡渣时下渣量较少，且炉内无剩余钢水。此种挡渣球加入溶池后因悬浮于钢水和炉渣之间，而浸入钢水的深度应比浸入渣中的略大，这样至出钢终了时，挡渣球能正好下落，堵住出钢口，炉内基本无剩余钢水。表 7 - 6 为一些转炉厂所用的挡渣球密度。

表 7 - 6　挡渣球密度

厂　家	日本	德国	武钢	宝钢	邯钢	上海浦钢	宝钢一钢
密度/g·cm^{-3}	4.8	4 ~ 4.5	4.4	4.3	4.6	4.2	4.7 ~ 4.8

在出钢量占总量 $\frac{2}{3}$ 强时，投送挡渣球入炉，挡渣球随着钢水的流动逐渐靠近出钢口；而当出钢基本结束时，挡渣球正好随钢流落在出钢口上，堵住了炉渣不流入钢包。

7.6.3.4　挡渣球挡渣的作用

用挡渣球挡渣后可明显减少下渣，一般可使钢包渣层减薄 $\frac{2}{3}$ 左右。减少下渣的好处很多：

（1）减少回磷。脱氧、合金化过程给钢水回磷创造了条件，下渣越少，回磷量也就越少。一般讲，下渣量减少 $\frac{2}{3}$，则回磷率能降低 50% 以上。

（2）提高合金回收率。由于挡渣出钢减少了下渣量，降低了炉渣对合金元素的氧化量（烧损量）即提高了合金元素的收得率，具有明显经济效益。

（3）提高钢的纯净度。未挡渣出钢时，炉渣会随着钢水一起混冲进入钢包，虽然大部分甚至绝大部分炉渣因上浮重新进入表面渣层，但难免仍有少量炉渣残留在钢水中，成为钢中非金属夹杂物，使钢的质量下降。挡渣出钢时，由于明显地减少了下渣量，极大地减少了残留在钢中的非金属夹杂物，可以提高钢的纯净度。

（4）保护出钢口。从出钢口流出的渣量明显减少，能很好地保护出钢口，渣对出钢口的化学侵蚀是出钢口损坏的主要原因之一。

思考题 7 - 6

（1）采用挡渣球挡渣如何操作？

（2）采用挡渣球挡渣的工作原理是什么？

（3）采用挡渣球挡渣的作用是什么？

【自我评估】

（1）脱磷有哪些主要操作？

（2）脱磷反应方程式及其反应条件有哪些？

（3）脱硫的基本操作是什么？

（4）转炉中硫的变化规律有哪些？

（5）转炉炼钢计算硫的物料平衡有何意义？

（6）如何准确控制终点？

（7）处理终点碳的方法有哪两种？

【评价标准】

按表 7 - 7 进行评价。

表 7 - 7　评价表

考核内容	内容	配分	考核要求	计分标准	组号	扣/得分
项目实训态度	1. 实训的积极性； 2. 安全操作规程遵守情况； 3. 遵守纪律情况	30	积极参加实训，遵守安全操作规程，有良好的职业道德和敬业精神	违反操作规程扣20分； 不遵守劳动纪律扣10分	1	
					2	
					3	
					4	
					5	
软件基本操作	1. 会初始化各项生产参数； 2. 能基本完成转炉冶炼仿真实训全部流程	30	掌握基本冶炼操作	系统初始化操作10分； 基本冶炼操作20分	1	
					2	
					3	
					4	
					5	
安全生产	学习冶炼岗位安全操作规程	40	能根据异常工况和危险工况采取相应处置措施	根据异常工况和危险工况采取相应处置措施40分	1	
					2	
					3	
					4	
					5	
合　计		100				

学习情境6 异常工况处置和安全生产

任务8 异常工况处置和安全生产

【任务描述】

通过在计算机上预先设置转炉冶炼仿真操作异常工况和常见事故的发生，使学生掌握转炉冶炼异常工况和事故的应对方法，强化学生的安全生产意识和采取正确处置措施的能力，为今后走上实际工作岗位做好准备。

【任务分析】

技能目标：

(1) 会针对冶炼过程中出现的异常工况进行预防操作和事后处置；

(2) 掌握必要的安全生产操作技能和正确的处置方法。

知识目标：

(1) 掌握转炉冶炼过程所需的用具使用和防护知识；

(2) 了解正确的自救方法和互救知识。

【知识准备】

8.1 加料口堵塞

8.1.1 操作步骤或技能实施

(1) 在溜槽上开一观察孔（加盖，平时关闭），处理时打开观察孔盖，将撬棒从观察孔中伸到结瘤处，然后用力凿或用榔头敲打撬棒，击穿打碎堵塞物后使加料口畅通。这种方法是目前最主要和常用的方法，也较安全。

(2) 其他还有如在平台上用一根长钢管自下而上伸到加料口堵塞处进行凿打的；也有用氧气管慢慢烧掉堵塞物的。以上方法亦很有效，但由于存在着不安全因素，采用时一定要小心，特别要注意安全，一般不常采用。

8.1.2 注意事项

(1) 堵塞如属溜槽设计中的问题，则需要大修中进行改造。

(2) 如因漏水造成堵塞，必须查明漏水原因并修复。

(3) 如用氧气烧开则要用低氧压，在用氧过程中要加强观察，注意安全。

8.1.3 知识点：造成加料口堵塞的原因

（1）溜槽设计上的问题。例如：溜槽斜度不够，下料时因料的下降冲力不足而被堵塞在加料口。

（2）加料口漏水。由于加料口漏水，使散状料及炉渣黏结在出口处而造成加料口的堵塞。

（3）喷溅。喷溅，特别是大喷溅，使钢、渣飞溅到加料口累积起来，从而造成加料口堵塞。

思考题 8 - 1

（1）造成加料口堵塞的原因有哪些？

（2）怎样排除加料口堵塞？

（3）氧气转炉车间散装料供应的流程有哪些？

（4）氧气转炉车间散装料供应的设备有哪些？

8.2 氧枪及设备漏水

8.2.1 操作步骤或技能实施

8.2.1.1 氧枪漏水的处理

（1）氧枪严重漏水的处理方法

在吹炼过程中如发现有水从炉口溢出，说明氧枪严重漏水，应立即进行下述几个操作：

1）立即提枪，自动关闭氧气快速阀，切断供氧；

2）迅速关闭氧枪冷却用高压水；

3）关键一点：此时绝对不准倾动转炉炉体，以避免引发剧烈爆炸；必须待炉内积水全部蒸发，炉口不冒蒸汽，在确保炉内无水时方可倾动炉体，观察炉内情况；

4）尽快地换枪，然后用新枪重新吹炼，避免造成冻炉事故；如温度偏低，可加入适量焦炭帮助升温；同时应仔细检查换下的氧枪，找出漏水原因，并制订预防措施。

（2）氧枪一般漏水的处理方法

绝大多数情况下，氧枪的漏水是不会造成炉口溢水的，一般的氧枪漏水，当氧枪提出炉口时，可以从氧枪的头上看到滴水或水像细线般地流下。发现氧枪漏水，应按操作规程要求，进行换枪操作。

8.2.1.2 其他设备漏水的处理

（1）汽化冷却烟道漏水。一般来讲，汽化冷却烟道漏水不会像氧枪那样从炉口溢出，因为汽化冷却烟道漏水的发展有一个过程，当水漏得大时，在倒炉时就可明显发现。发现漏水后，可在安排转炉补炉的同时进行烟道补焊工作；每一次换新炉也是汽化烟道补焊漏水及捉"漏"的好机会，只要加强平时对汽化烟道的维护保养，汽化烟道的漏水现象是可以减少的。

（2）炉口水箱漏水。炉口水箱漏水一般情况下也不会造成像氧枪大漏那样水从炉口溢出的现象，大部分炉口水箱是漏在倒渣面，由于倒渣操作失误，钢水从炉口倒出，将水冷炉口熔穿；也有因应力作用或加废钢，兑铁水或清炉口时外力作用，造成局部焊缝开裂而漏水。大部分漏水漏在水冷炉口上面，此时容易检查出漏水，因为水会从表面喷出，可以采用补炉或计划热停炉进行炉口焊补作业。但有时候水箱漏水漏在炉口水箱与耐火材料相接的那一面，这种情况下很难焊补，有时只能调换炉口水箱。

8.2.2　注意事项

（1）氧枪严重漏水时，绝对不准倾动转炉炉体，避免引发剧烈爆炸。

（2）兑铁水、加废钢、倒渣、清炉口时，严防损坏炉口水箱。

8.2.3　知识点

8.2.3.1　氧枪或设备漏水对安全生产的危害性

（1）可能引起爆炸。如氧枪漏水，因为氧枪内的进出冷却水都是高压水，其漏水量很大，炉内是高温液体，温度在 1300～1700℃，冷却水进入熔池很快成为蒸汽，体积会急剧膨胀从炉口涌出。如果此时使炉子转动，会有部分冷却水进入金属熔池，其汽化速度快，膨胀速度更快，蒸汽冲击受阻于钢水，巨大的膨胀力就会像炸弹那样，将金属、熔渣爆出炉外，严重时还可能将炉底销炸断，造成重大的设备和安全生产事故。

汽化冷却烟道及水冷炉口如产生严重漏水，且漏水进入炉内，严重时会产生与上述相似的情况。

（2）缩短炉衬寿命。炉口水箱若有轻度损坏，造成少量冷却水渗向炉衬，会造成炉衬耐火材料疏松，从而会缩短炉衬的使用寿命。

（3）影响钢的质量。如氧枪漏水，但不严重或水冷炉口漏水，漏水方向在出钢时正好向着钢包，因此大量的水及水气在吹炼终点、碳氧反应已不剧烈时会使钢中氢含量升高，或在出钢合金化时氢的含量升高，影响钢的质量。

（4）设备变形，影响生产。设备漏水一定会造成该设备供水不足，甚至该设备局部区域无水从而失去冷却功能。例如，氧枪或炉口水箱口漏水而造成局部冷却水不足。使冷却作用降低，容易产生粘钢、渣的现象，且不易清除，对生产带来不良后果；也可能因为供水不足，冷却功能降低造成该部位发热发红，变形甚至烧穿，此时应该停炉检修或调换。而像汽化冷却烟道或炉口水箱的调换是十分困难的，会严重影响正常生产。

8.2.3.2　氧枪及设备漏水的常见部位

（1）氧枪漏水

1）氧枪漏水常发生在喷头与枪身的接缝处。

2）其次是喷头端面。氧枪喷头设计一般都采用马赫数约为 2 的近似拉瓦尔喷嘴，从气体动力学分析，在氧枪喷头喷孔气流出口之间（因为一般氧枪为 3 孔或多孔）及喷孔的出口附近有一个负压区，当冶炼过程出现金属喷溅时，负压会引导喷溅的金属粒子冲击喷头端面，引起喷头端面磨损，磨损太深便会漏水。

3）喷头的材质不良也会漏水。目前的喷头大部分是铜铸件，如铸件有砂眼或隐裂纹，也会发生漏水。

4）氧枪中套管定位块脱落。中套管定位偏离氧枪中心，冷却水水量不均匀，局部偏小部位的外套管易在吹炼时烧穿。

5）氧枪本身材质有问题。在枪身靠近熔池部位也会烧穿小洞而漏水。

（2）炉口水箱漏水

炉口水箱漏水最常发生的地方是在直接受火焰冲刷的一圈圆周上，此处温度最高，受冲刷也最厉害；而且也是制造加工上的薄弱环节，应力最大；同时此处在进炉时易被铁水包或废钢斗碰撞擦伤，在倒渣时带出少量钢水，都会加速该处的熔损。

（3）汽化冷却烟道漏水

汽化冷却烟道漏水常发生在密排无缝钢管与固定支架连接处，由于该处在热胀冷缩时应力最大，常会产生疲劳裂纹而导致漏水。其次是与烟气接触的一侧，哪一根无缝钢管由于水路堵塞水量减少，哪一根就会发红、漏水。

思考题 8-2

（1）氧枪漏水如何处理，处理氧枪大漏水时的关键点是什么？

（2）如何处理汽化冷却烟道及炉口水箱的漏水？

（3）氧枪或设备漏水对安全生产的危害性有哪些？

8.3　氧枪粘钢

8.3.1　操作步骤或技能实施

8.3.1.1　以黏渣为主的氧枪粘钢

对于一些以粘渣为主的氧枪粘钢，特别是溅渣护炉后，看似有粘钢，实质主要是粘渣，可用头上焊有撞块的长钢管，从活动烟罩和炉口之间的间隙处，对着氧枪粘钢处用人工进行撞击，以渣为主的粘钢块被击碎跌落，氧枪可恢复正常工作。

8.3.1.2　以粘钢为主的氧枪粘钢

对于金属喷溅引起的氧枪粘钢，粘钢物是钢渣夹层混合所致，用撞击的办法无法清除，用火焰割炬也不易清除，一般是用氧气管吹氧清除。清除方法为：操作者准备好氧气管，氧枪先在炉内吹炼，然后提枪，让纺锤形粘钢的上端处于炉口及烟罩的空隙间，由于刚提枪时粘钢还处于红热状态，用氧气管供氧点燃粘钢，然后不断地用氧气流冲刷，使粘钢熔化而清除，同时慢慢提枪，最后将粘钢清除。

8.3.1.3　粘钢严重并已烧枪

对于粘钢严重且枪龄又较高，或氧枪喷头已损坏，清除掉氧枪粘钢后，枪也不能再使用的情况下，为了减少氧枪的热停工时间，可用割枪方法，将氧枪粘钢割除，然后换枪继续冶炼。但是割枪操作是一项十分危险的工作，必须严格执行操作规程。割枪时必须做到以下几点：

（1）必须将炉内的钢渣全部倒清，才能将割断的枪掉入炉内。

（2）割枪前必须将氧枪进出水阀门关闭，当炉内有渣钢时，割断的氧枪端部带着粘钢以自由落体的速度冲击熔池时，往往容易产生爆炸事故，该爆炸的威力会使整个汽化冷却烟道产生移位和损坏，同时会造成人身伤害事故。因此，一般割枪操作必须先将氧枪粘钢清除至枪能提出转炉炉口，使转炉能倾动，以便倒去炉内钢渣后，才可割枪。

（3）也可将炉口摇出烟罩，使割下的部位落在炉裙上再滑落到炉坑（或渣包）中。

（4）其他处理方法。发现氧枪粘钢，个别炼钢厂还有利用造高温稀薄渣进行涮枪操作，即利用炉内的高温将枪上的粘钢化掉，但是这对炉衬、对钢的质量有较大的影响，一般钢厂的操作规程内是明确规定不准进行涮枪操作，这种方法是属于违规作业，应予以制止。

8.3.2　注意事项

（1）以粘渣为主的氧枪粘钢，主要以振动、敲击氧枪等手段使渣脱落，切勿采用火焰处理。

（2）以粘钢为主的氧枪粘钢，采用火焰处理，切勿烧坏氧枪，所以要边烧边观察，氧压不要过大，火焰不要过长。

（3）清除过程特别要注意，供氧的氧气管气流不能对着氧枪枪身，也不能留在一点上吹氧，不能将点燃的氧气管去接触氧枪枪身，以免将氧枪冷却水管的管壁烧穿而漏水。

8.3.3　知识点

8.3.3.1　氧枪粘钢的成因与危害

（1）氧枪粘钢。在冶炼过程中，熔池由于氧流的冲击和激烈的碳氧反应而引起强烈的沸腾，飞溅起来的金属夹着炉渣粘在氧枪上，这就是氧枪粘钢。严重的氧枪粘钢会在氧枪下部、喷头上形成一个巨大的纺锤形结瘤。

（2）氧枪粘钢的危害性。氧气顶吹转炉的除尘系统是一个密封系统，氧枪是通过汽化冷却烟道上的氧枪氮封口进入转炉的，转炉在吹炼时炉体处于垂直位置，氧枪从待吹点下降到吹炼位时开始吹氧。当冶炼终点需要倒炉取样及观察炉况时，应先提枪停氧，氧枪的大部分要从氮封口提出，进入待吹点，此时氧枪喷头离开炉子以便转炉能够倾动。当氧枪粘钢达到一定直径时，会造成提枪困难，且容易拉坏氮封口。粘钢严重时会造成氧枪提不出炉口（因粘枪的冷钢卡在氮封口上出不来），此时就造成炉子不能倾动，影响吹炼操作。其次，氧枪传动系统有平衡配重，其基本原理是配重大于枪重，卷扬机提升配重，此时氧枪下降开始吹炼；卷扬机放下配重时，实为提枪操作。因此正常情况下氧枪上下十分自如。氧枪定位精度较高，但由于严重粘枪，会破坏系统的平衡，甚至会使氧枪无法提升（当粘钢重量加上枪自重大于配重时，枪就无法提升）。此时枪始终处于最低的枪位在吹炼，情况将是十分危险的。一旦提枪时（粘枪太重）配重下降不畅，还会出现氧枪的提升卷扬机钢丝绳从滑轮槽中脱出，钢丝绳损坏，从而造成冶炼中断。一旦氧枪提不出炉口，就必须用吹氧管吹氧处理粘钢（此时还不能"割枪"，因为炉内有钢水时，安全规程规定不能"割枪"），使枪能从炉口提出，冶炼方能继续，以便在该炉钢出钢后可较彻底地处理氧枪粘钢。这样的处理，操作工人的劳动强度很高，炉子需热停工，炉内的半成品钢水因事故处理而等待，造成吹炼困难，影响钢的质量。

8.3.3.2　造成氧枪粘钢的主要原因

氧枪粘钢的主要原因是由于吹炼过程中炉渣化得不好或枪位过低等，炉渣发生返干现象，金属喷溅严重并粘结在氧枪上，另外，喷嘴结构不合理，工作氧压高等对氧枪粘钢也有一定的影响。

（1）吹炼过程中炉渣没有化好化透，炉渣流动性差。化渣原则是初渣早化，过程化透，终渣溅渣护炉。但在生产实际中，由于操作人员没有精心操作或者操作不熟练，操作经验不足，往往会使冶炼前期炉渣化得太迟，或者过程炉渣未化透，甚至在冶炼中期发生了炉渣严重返干现象，这时继续吹炼会造成严重的金属喷溅，使氧枪产生粘钢。

（2）由于种种原因使氧枪喷头至熔池液面的距离不合适，即所谓枪位不准，且主要是距离太近所至。造成距离太近的主要原因有以下几点：

1）转炉入炉铁水和废钢装入量不准，而且是严重超装，而摇炉工未察觉，还是按常规枪位操作。

2）由于转炉炉衬的补炉产生过补现象，炉膛体积缩小，造成熔池液面上升，而摇炉工亦没有意识到，未及时调整枪位。

3）由于溅渣护炉操作不当造成转炉炉底上涨，从而使熔池液面上升。

氧枪喷嘴与液面的距离近容易产生粘枪事故。硬吹导致渣中氧化物相返干而枪位过低，实际上就形成了硬吹现象，于是渣中的氧化铁被富 CO 的炉气或（渣内）金属滴中的碳所还原，渣的液态部分消失，金属就失去了渣的保护。其副作用就是增加了喷溅和红色烟尘，这种喷溅主要是金属喷溅。喷溅物容易粘结在枪体上，形成氧枪粘钢。

思考题 8−3

（1）氧枪粘钢的主要原因是什么，有什么危害？

（2）氧枪粘钢的处理方法是什么？

（3）氧枪的结构有何特点？

8.4　大喷溅

8.4.1　操作步骤或技能实施

生产中一旦发生喷溅，切忌惊慌失措，应迅速判断喷溅原因（种类），及时调整枪位等操作，以求减轻喷溅程度。

（1）低温喷溅。低温喷溅一般在冶炼前期发生，由于前期温度较低，熔池内反应还不是很剧烈，可以及时降低枪位以强化 C−O 反应，减少渣（FeO）积累并迅速提温，同时延时加入渣料或采取其他的提温操作来消除喷溅。

（2）高温喷溅。此时可适当提枪，一方面降低碳的氧化反应速度和熔池升温速度，另一方面借助于氧气流股的冲击作用吹开泡沫渣，促使 CO 气体的排出。当炉温很高时，可以在提枪的同时适量加入一些白云石或石灰等冷却熔池，稠化炉渣，也有利于抑制喷溅。

（3）金属喷溅。此时可适当提枪以提高（FeO）含量，有助于化渣；并可加入适量萤石助熔，使炉渣迅速熔化并覆盖于钢水面之上。

值得注意的是，如果喷溅原因不明，绝不能盲目行动，只能任其喷溅结束。如匆匆盲目处理，可能会增强喷溅，反而造成更大的损失。

8.4.2　注意事项

（1）对于兑铁水发生的大喷溅，关键是严格遵守操作规程，兑铁水前必须倒尽炉内的残余钢渣；对于采用留渣操作工艺的转炉厂，进炉前必须严格按规程做好各项操作，如降低炉渣温度（加石灰），降低渣子氧化性（加还原剂）后，方可兑铁水。

（2）控制好熔池温度，前期温度不过低，中期温度不过高，禁止突然冷却熔池，保证熔池均匀升温、碳氧反应均衡进行，消除突发性的碳氧反应。

（3）通过枪位及氧流量的调节控制好渣中（FeO）含量，不使（FeO）过分积累升高，以免造成炉渣过分发泡或引起爆发性碳氧反应而形成喷溅。中期要防止（FeO）过低，引起炉渣返干而造成金属喷溅。

（4）第二批渣料的加入时间要适宜，且应少量、多批加入，以免炉温突然明显下降，从而抑制了碳氧反应，消除了突发性碳氧反应的可能。

8.4.3　知识点

8.4.3.1　转炉大喷溅及其危害性

（1）转炉大喷溅

转炉炼钢过程中，由于种种原因致使大量炉渣和金属液体从炉口以很大的动能喷出的现象，称为大喷溅。大喷溅有两种类型：兑铁水时形成的大喷溅和在吹炼过程中形成的大喷溅。

（2）大喷溅的危害性

喷溅会造成很大危害，特别是大喷溅，是一种恶性事故，在生产操作中应引起高度重视。其危害主要表现在以下三个方面：

1）喷溅时熔池具有很大的动能，能使大部分炉渣和部分金属喷出炉口，严重时甚至会发生爆炸事故，可将炉帽掀出，从而造成重大的设备损坏，甚至伤及操作人员。

2）喷溅物中夹带有金属，使冶炼的金属损失增大。某厂的生产统计资料表明：大喷时金属损失约为 3.6%，即使小喷时损失也有 1.2% 左右。这已是一个不可忽略的数字。喷溅还会引起氧枪粘钢事故。

3）发生大喷后炉渣减少，降低去除磷、硫的效果，并造成炉内热量的大量流失。

由此可知，喷溅的危害性很大，对此必须予以高度重视。

8.4.3.2　喷溅产生的原因

（1）兑铁水时产生大喷溅的原因。兑铁水大喷溅只发生在前一炉钢渣没有倒清的情况下。因为转炉在吹炼到终点时，钢中的碳含量相应很低，钢中氧含量及炉渣氧化性都较高，炉内本身的温度也较高，兑入的铁水带入大量的碳。在高温的条件下，碳氧反应会剧烈地进行，在极短的时间内产生大量的 CO 气体，使炉内产生强烈沸腾。强烈的沸腾增强了兑入的铁水与炉内残余钢渣间的搅拌，更加剧了碳氧反应；同时，兑入的铁水流带入了炉外的新鲜空气，当空气中的氧与碳反应生成的一氧化碳混合达到一定比例时，在明火下即产生爆炸，将兑入的铁水和残余钢、渣以巨大的动能喷出炉口，造成设备损坏和安全事故，危害极其严重。

（2）吹炼过程产生大喷溅的原因。氧气转炉的吹炼过程中，从氧枪喷射出的高速氧气流冲击转炉的熔池面，由于氧流的冲击作用，在冶炼过程的某些时候，金属熔池乳化，形成了渣 – 金属 – 气体乳化液。

在氧气转炉开吹时，熔池表面几乎没有液态渣，氧气射流可以把固态或非常稠的渣推向炉壁，氧气射流能直接冲击在铁水面上，引起铁水的搅动和红色烟尘。在氧射流下测得"火点"的温度可达 2200～2500℃，因此全部氧气都能在"火点"处消耗而生成铁、硅、锰和碳的氧化物。在炼钢实践中可以发现，硬吹会导致渣中氧化物相返干。由于渣中氧化铁被富 CO 的炉气或（渣内）金属滴中的碳所还原，渣的液态部分消失了，于是金属就失去渣的保护，其副作用就是增加了喷溅和红色烟尘。这种喷溅主要是金属喷溅。

与上述相反，软吹主要是氧化炉渣，并可在渣中积累起高的氧化铁，并且 Fe^{3+}/Fe^{2+} 比升高，这种情况下如果持续时间足够长，就会产生很多起泡沫的乳化液，乳化的金属量非常大，形成大量的 CO 小气泡，因为氧枪的供氧很大，于是反应变得很猛烈，甚至在停止吹氧时也能继续一些时间并可能持续好几分钟。大喷的另一特点是脱碳速度较快。造成脱碳速度快的原因，主要是渣中积累较多的氧化铁起初没有参与反应，而积累到一定浓度时突然参与反应，从而使脱碳速度猛增。因此，在较长时间的吊吹或氧枪火点不着的情况下强行"点火"，都会爆发严重的喷溅。

8.4.3.3　喷溅与炼钢工艺参数的关系

（1）氧压及枪位。氧压高即相当于低枪位，氧流接触液面的动能大，在其他条件基本相同的情况下，相对于氧压较低或枪位较高而言，就比较能助长金属喷溅的发生。须注意氧气流股本身不能单独形成喷溅，但能在其他因素影响下助长喷溅的发生。

氧压过低即相当于枪位过高，氧化反应不剧烈，会使（FeO）上升，达到一定程度就会导致喷溅的发生。

（2）熔池温度。如前所述，熔池中的碳氧反应对温度是非常敏感的。如果熔池温度突然短时间内下降，将使碳氧反应速度减缓，必然会导致（FeO）的过多积累，在温度重新上升到一定程度（一般在 1470℃以上）时，会突然发生非常剧烈的碳氧反应，瞬间产生大量具有巨大能量的 CO 气体促使喷溅的发生。所以，在操作中应严禁熔池温度短时间内的突然下降。

（3）加渣料时间。在正常情况下，渣料一般分两批加入，特别是第二批渣料加入的时间要适宜，如果加得太迟，就有可能产生喷溅。这是因为：一般开吹到 3～4min 时，铁水中的硅、锰基本氧化结束，碳开始强烈氧化，（FeO）也开始下降。而第二批渣料正常的加入时间是在开吹后 5～6min 开始，加得太迟，碳氧反应已经非常剧烈，此时加渣料，会突然使熔池温度下降，从而遏制了碳氧反应，并使（FeO）得到积累；待到温度重新上升到碳氧反应温度以上，（FeO）也积累到相当数量时，此时碳氧反应会突然以非常猛烈的速度爆发出来，从而形成大喷溅。

8.4.3.4　喷溅预兆

喷溅是转炉炼钢中经常遇到的一种现象，只是发生的程度不同而已，原因基本是操作不当所致，但其危害极大，必须引起足够重视。所以，喷溅的预防和处理是转炉炼钢操作中的一个重要课题。

（1）观察火焰，从火焰特征中发现喷溅预兆

1）当火焰较暗，较长时间温度升不上去，并有少量渣子随着火焰被带出炉外时，往往会发生低温喷溅，此时应及时降低枪位以求快速升温及降低（FeO），同时延迟加入冷料，预防喷溅发生。

2）当火焰较亮且较硬直冲，有少量渣子随着火焰带出炉外，且声音刺耳，炉渣也化得不好时，此时往往容易发生高温喷溅。

应针对具体炉况采取必要的措施，或提枪促使（FeO）增加来加速化渣，或加冷料来降温，或两者兼用，防止和减少喷溅的发生。

（2）应用音频化渣仪上的音频曲线预报喷溅。音频化渣是通过检测转炉炼钢过程中的噪声强弱来判断炉内化渣状况的。转炉中的噪声主要是由氧枪喷射出来的氧流与熔池作用而产生的，经试验和测定证明，炉内噪声的强弱与泡沫渣的厚度成反比，当炉内泡沫渣较薄时，氧气射流会产生强烈的嘘叫噪声；而当炉内泡沫渣较厚时，乳化液的泡沫渣将噪声过滤后，噪声的强度大为减弱，因此可以通过检测炉内的噪声强度来间接判断泡沫渣的厚度，即化渣的情况。操作者可以根据化渣曲线来判断分析是否会产生喷溅。当化渣曲线达到喷溅预警线时，就意味着将会发生喷溅，提示操作者及时采取适当的措施，预防喷溅的发生。

思考题 8－4

（1）喷溅的原因和预兆有哪些？

（2）喷溅的防止措施有哪些？

（3）造渣有几种方法，各有何特点？

（4）喷溅与炼钢工艺参数有何关系？

【任务实施】

（1）实施地点：转炉冶炼仿真实训室。

（2）实训所需器材

1）转炉冶炼计算机仿真操作系统；

2）安全生产防护装具；

3）生产计划任务单。

（3）实施内容与步骤

1）学生分组：4 人左右一组，指定组长。工作中自始至终各组人员尽量固定。

2）教师布置工作任务：学生了解工作内容，明确工作目标，制订实施方案。

3）教师通过仿真操作演示、视频或多媒体分析演示让学生了解冶炼全过程。将操作要点填写到表 8－1 中。

表 8－1　操作记录单

序号	异常工况处置要点及措施	事故发生后处置要点及应对措施
1		
2		
3		
4		
5		

【知识拓展】

8.5　出钢口堵塞

8.5.1　操作步骤或技能实施

采用什么方法来排除出钢口堵塞，应视出钢口堵塞的程度来决定。通常出钢时，转炉向后摇到开出钢口位置，由一人用短钢钎捅几下出钢口即可捅开，使钢水能正常流出。如发生捅不开的出钢口堵塞事故，则可以根据其程度不同，采取不同的排除方法：

（1）一般性堵塞，可由数人共握钢钎合力冲撞出钢口，强行捅开出钢口。

（2）堵塞比较严重，操作工人可用一短钢钎对准出钢口，另一人用榔头敲打短钢钎冲击出钢口，一般也能捅开出钢口保证顺利出钢。

（3）堵塞更严重时，则应使用氧气来烧开出钢口。

（4）出钢过程中有堵塞物，如散落的炉衬砖或结块的渣料等堵塞出钢口，则必须将转炉从出钢位置摇回到开出钢口位置，使用长钢钎凿开堵塞物使孔道畅通，再将转炉摇到出钢位置继续出钢。这在生产上称为二次出钢，会增加下渣量，增加回磷量，并使合金元素的回收率很难估计，对钢质造成不良后果。

8.5.2　注意事项

（1）排除出钢口堵塞要群力配合，动作要快，否则会延误出钢时间，增加合格钢水在炉内滞留时间，造成不必要的损失。

（2）用榔头敲打短钢钎的操作人员要注意安全，防止受伤。

（3）用氧气烧出钢口时，要掌握好开烧方向，不要斜烧。同时要注意防止火星喷射及因回火而烧伤操作工人。

（4）如系二次出钢，则需慎重考虑回磷和合金元素回收率的变化，及时调整合金加入量等，防止成分出格。

（5）如处理时间较长，应再进行后吹升温操作，以防发生低温钢事故。

8.5.3　知识点

（1）出钢口堵塞

在出钢时，由于出钢口的原因炉内钢水不能正常地从出钢口流出，称为出钢口堵塞。特别是由于出钢口堵塞后需要进行的二次出钢，是一种生产事故，会对钢质带来不良后果。

（2）出钢口堵塞的常见原因

1）上一炉出钢后没有堵出钢口，在冶炼过程中钢水、炉渣飞溅而进入出钢口，使出钢口堵塞。

2）上一炉出钢、倒渣后，出钢口内残留钢渣未全部凿清就堵出钢口，致使下一炉出钢口堵塞。

3）新出钢口一般口小孔长，堵塞未到位，在冶炼过程中钢水、炉渣溅进或灌进孔道致其堵塞。

4）在出钢过程中，熔池内脱落的炉衬砖、结块的渣料进入出钢孔道，也可能会造成出钢口堵塞。

5）采用挡渣球挡渣出钢，在下一炉出钢前，没有将上一炉的挡渣球捅开，造成出钢口堵塞。

思考题 8－5

（1）造成出钢口堵塞的常见原因有哪些？

（2）排除出钢口堵塞的常见方法有哪些？

（3）转炉出钢口的位置如何确定？

（4）砌筑出钢口的材料，修补及堵出钢口的材料有哪些？

8.6　穿炉事故

8.6.1　操作步骤或技能实施

穿炉是一种危害性较大的事故，在遇到穿炉事故时，如何应急处理，将事故损失控制在较低的范围内，是十分重要的。

8.6.1.1　发生穿炉事故的应急处理

穿炉事故一般发生的部位为：炉底，炉底与炉身接缝处，炉身。炉身又分前墙（倒渣侧）、后墙（出钢侧）、耳轴侧或出钢口周围。当遇到穿炉事故时，首先不要惊慌，要迅速判断出穿炉的部位，并尽快倾动炉子，使钢水液面离开穿漏区。如炉底与炉身接缝处穿漏且发生在出钢侧，应迅速将炉子向倒渣侧倾动；反之，则炉子应向出钢侧倾动。耳轴处渣线在吹炼时发现渗漏现象时，由于渣线位置一般高于熔池，故应立即提枪，将炉内钢水倒出炉子后，再进行炉衬处理。炉底穿漏一般就较难处理，往往会造成整炉钢漏在炉下，除非在穿漏时炉下正好有钢包，且穿漏部位又在中心，则可迅速用钢包去盛漏出的钢水，减轻穿炉造成的后果。

8.6.1.2　发生穿炉事故后炉衬的处理方法

发生穿炉事故后，对炉衬情况必须进行全面的检查及分析，特别是高炉龄的炉子。如穿漏部位大片炉衬砖已侵蚀得较薄了，此时应拆炉并进行砌炉作业；对一些中期炉子或新炉子，因个别部位砌炉质量问题或个别砖的质量问题，而整个炉子的砖衬厚度仍较厚，仅是局部出现一个深坑或空洞引起的穿炉事故，则可以采用补炉的方法来修补炉衬，但此后该穿漏的地方就应列入重点检查的护炉区域。穿漏处一般用干法补炉，这是目前常规的补炉方法：先用破碎的补炉砖填入穿钢的洞口，如果穿钢后造成炉壳处的熔洞较大，一般应先在炉壳外侧用钢板贴补后焊牢，然后再填充补炉料，并用喷补砂喷补。如穿炉部位在耳轴两侧，则可用半干喷补方法先将穿炉部位填满，然后吹 1～2 炉再用补侧墙的干法补炉将穿炉区域补好。

穿炉后采用换炉（重新砌炉）还是采用补炉法补救，这是一个重要的决策，应由有经验的人员商讨决定；特别是补炉后的继续冶炼，更要认真对待，避免再次出现穿炉事故。

8.6.2　注意事项

（1）冶炼过程中要注意炉壳外面和炉内的检查，发现有穿炉征兆应及时采取处置措施，以防造成穿炉。

（2）正确判断穿炉的部位，迅速使炉子向相反方向倾动，以免事故扩大。

（3）一旦有穿炉迹象或已穿炉，切勿勉强冶炼，以免造成伤亡事故。

8.6.3　知识点

穿炉的征兆和预防措施

A　穿炉事故的危害性

转炉在冶炼过程中，由于受到各种因素的作用而炉衬受到损坏（或熔损，或剥落）并不断减薄。当某一炉次钢冶炼时将已减薄的炉衬局部熔损或冲刷掉使高温钢水（或炉渣）熔穿金属炉壳后流出（或渗出）炉外，即形成穿炉事故。

穿炉在转炉生产中是一种严重生产事故，其危害甚大：在发生穿炉事故后，轻则立即停止吹炼，倒掉炉内钢液后进行补炉（有时还须焊补金属炉壳），并影响炉下清渣组的操作；穿炉严重时，炉前要停止生产，重新砌炉；而炉下因高温液体可能烧坏钢包车及轨道（铁路），严重影响转炉的生产。

B　穿炉发生的征兆

（1）从炉壳外面检查，如发现炉壳钢板的表面颜色由黑变灰白，随后又逐渐变红（由暗红到红），变色面积也由小到大，说明炉衬砖在逐渐变薄，向外传递的热量在逐渐增加。当炉壳钢板表面的颜色变红，往往是穿炉漏钢的先兆，应先补炉后再冶炼。

（2）从炉内检查，如发现炉衬侵蚀严重，已达到可见保护砖的程度，说明穿炉为期不远了，应该重点补炉；对于后期炉子，其炉衬本来已经较薄，如果发现凹坑（一般凹坑处发黑），则说明该处的炉衬更薄，极易发生穿炉事故。

C　预防穿炉的措施

穿炉事故的发生是有一个过程的，而该过程又具有一定的特征。如果在平时加强观察和防范，认真而及时地做好补炉等工作，是可以避免穿炉事故发生的。预防穿炉发生的措施一般有以下几个方面：

（1）提高炉衬耐火材料的质量。穿炉，主要是由于炉衬抵抗不了化学侵蚀等各方面的作用而损坏所造成，所以炉衬砖的质量，特别是原料的纯度，砖的体积密度、孔隙率以及砖中碳素含量等都会影响到砖的使用寿命，特别要防止将在高温条件下会产生严重剥落的砖砌在炉衬内。

（2）提高炉衬的砌筑质量，应严格遵守"炉衬砌筑操作规程"砌筑和验收炉衬。目前大多数的转炉采用综合砌筑，由于转炉炉衬各部损坏的原因与程度是不相同的，所以在砌筑不同部位时，应砌入不同材质的耐火砖。这称为综合砌炉，使整个炉衬成为一个等强整体，使其侵蚀速度相等，从而既提高炉衬的使用寿命，又降低了炉衬的砌筑成本。砌筑时特别要注意砖缝必须紧密，以防止在吹炼过程中因部分炉衬砖松动而掉落或缝内渗钢而造成穿炉事故。

（3）加强对炉衬的检查，了解炉衬被侵蚀情况，特别是易受侵蚀部位，发现预兆及时修补，加强维护；炉衬被侵蚀到可见保护砖后，必须炉炉观察炉炉维修；当出现不正常状况，例如炉温特别高或倒炉次数过多时，更要加强观察，及早发现薄弱环节，及时修补，预防穿炉事故的发生。

思考题 8-6

(1) 穿炉有什么预兆，如何预防及处理？

(2) 为什么说穿炉是大事故？

8.7　转炉设备常见事故及排除方法

8.7.1　操作步骤或技能实施

常见故障及排除方法见表8-2。

表8-2　常见故障及排除方法

序号	故　障	主　要　原　因	排　除　方　法
1	冶炼过程中炉体突然不能倾动	1. 稀油站油压下降或停泵后倾动电动机也停过电（应有信号）； 2. 托圈耳轴滚动轴承温度上升或供油量不足； 3. 吊挂大齿轮切向键松动齿轮窜动，人字齿啮合卡死； 4. 耳轴大滚动轴承或吊挂大齿轮滚动轴承裂碎； 5. 行星差动减速机二根高速轴齿轮坏或滚动轴承碎裂	1. 启动油泵或备用油泵，油压上升后便能倾动，并检查指示信号； 2. 加大油压，调节各供油点的油流量； 3. 拆检吊挂齿箱，打紧切向键； 4. 停炉调换； 5. 检查，如快速轴转，慢速轮不转拆减速箱调快速轴
2	冶炼过程倾动炉体失去控制	1. 电机倾动力矩不够； 2. 同一电机轴上两只制动器都失去制动能力，在这种情况下炉口结渣过重，炉体重心超过耳轴中心就会倾翻； 3. 减速系统或联轴器齿形打光	1. 检查电气设备； 2. 调整制动器制动瓦的开度，清除炉口清渣； 3. 检查快、慢速之速比，调换齿轮
3	氧枪不降至炉内	1. 炉体没有摇至零位； 2. 氧枪进水压 $p<0.5$ MPa，水温 $t≥50℃$； 3. 横移小车定位销没有插入槽内； 4. 升降卷扬机制动失灵或钢丝绳断	1. 把炉体摇至零位； 2. 通知泵房加压，加强水的冷却； 3. 开动横移小车，使准确定位； 4. 调整制动器，检查减速机，调换钢丝绳
4	氧枪在炉内吹炼时突然提枪	1. 氧压 $p<0.5$ MPa； 2. 氧枪进水压力 $p<0.5$ MPa，水温 $t≥50℃$； 3. 升降卷扬机制动瓦太松或气动松闸气缸动作； 4. 升降卷扬机钢丝绳断	1. 加大氧压，由 0.6 MPa 升至 0.8 ~ 1.2 MPa 之间； 2. 通知泵房加压，加强水的冷却； 3. 调紧制动瓦，检查气缸气路，排除故障； 4. 调换钢丝绳
5	活动烟罩不能降低	1. 炉体没有摇至零位； 2. 提升卷扬机减速齿轮或联轴器损坏，失去控制能力	1. 把炉体摇至零位； 2. 调换环形链、钢丝绳或滑轮
6	活动烟罩降罩后不能升起	1. 烟罩积灰太多，重量超过平衡锤重量； 2. 提升传动系统，环形链或钢丝绳折断，滑轮不转动； 3. 煤气回收阀未关闭，放散阀未打开	1. 清灰，尤其水槽里的灰渣或加重平衡锤（上报后处理）； 2. 调换环形链，钢丝绳或滑轮； 3. 检查电气联锁或回收阀，阀板是否轧住关不密实
7	吹炼时罩口大量冒烟	1. 除尘风机没有转向高速运转； 2. 二文可调开度不够或全闭与炉口微差压变送仪的自控失灵； 3. 除尘系统中某一部分如风机进口蝶阀、放散、回收阀全部堵塞。重力脱水器下排水堵塞； 4. 出钢口没堵塞就吹炼	1. 检查液力耦合器的联动动作； 2. 检查炉口微差压变送仪重调开度。二文椭圆阀是否积灰开不动，应清灰； 3. 开阀门，检查一文喉口有否塌砖堵塞。重力脱水器排水管清理堵塞； 4. 应堵塞出钢口后吹炼

8.7.2　注意事项和知识点

注意事项：在处理转炉设备常见事故过程中，要仔细分析各种设备在使用过程中经常出现的问题。掌握其规律性的东西，针对其具体的部件，作适当的维护，避免再次出现类似的故障。

知识点：详见各部分知识点中的设备部分。

思考题 8－7

转炉设备常见事故的原因？

8.8　磷高的处理

8.8.1　操作步骤或技能实施

8.8.1.1　吹炼高磷铁水

吹炼高磷铁水要充分利用前期熔池温度较低的有利时机，及早形成碱度高、氧化性高、流动性适当的炉渣，在保留铁水中有足够碳的同时，要脱去铁水中绝大部分的磷。

（1）造渣。吹炼高磷铁水，一般采用双渣、留渣法。留渣法有利于前期成渣，加速脱磷反应的进行。双渣法是把含磷高的炉渣倒掉，使熔池中磷总量降低，从而降低金属液中含量；而且倒渣有利于第二次造渣，造成高碱度、高氧化铁的炉渣，进一步降低金属液中的含磷量。

造双渣的关键是选择一个倒去前期渣的合适时间。此时间一般选择在前期渣已经化好，金属中的含磷量已下降到指定范围，而金属液中的碳又刚刚开始发生激烈氧化反应的时候，此时，前期的去磷已比较完全，渣中的氧化铁含量已显著下降，在这时倒渣既能保证得到含磷较高的炉渣（可作磷肥用），又能避免后期因熔池温度升高而发生的回磷现象。

（2）温度。选择倒去前期渣的合适时间也可用温度来控制，选择温度为 1500～1550℃较为合适。这样既保证了石灰的熔化和脱磷反应所需要的温度条件，又保证了碳氧反应还未激烈进行。

选择合适温度也是为了控制终点温度。终点温度是控制终点磷含量的重要一环，随着终点温度升高，终点磷含量也会增加，为此应根据所冶炼的钢种，精确控制终点温度，在满足浇注要求的基础上，尽可能靠近温度下限出钢。

（3）供氧。在冶炼前期适当提高枪位，采用高枪位操作，以提高炉渣中氧化铁含量。这样既能加速石灰的熔化，又有利于磷的氧化，加速脱磷反应的进行。但枪位不能过高，须防止大喷。

（4）搭配使用高磷铁水。优质低磷铁水中掺和部分高磷铁水，使其能用一般方法进行冶炼。此法用于需要回收煤气，不能采用双渣法的情况。

（5）铁水预处理。用高磷铁水冶炼虽然能得到合格的钢水和磷肥，但从经济效益上看不合算，据资料介绍，吹炼高磷铁水与吹炼低磷铁水相比，1t 钢金属消耗增加 30～100kg、石灰消耗增加 40～100kg。

合理的办法是高磷铁水先经铁水预处理，脱磷后的铁水再兑入转炉冶炼。

8.8.1.2　终点磷高的处理

（1）观察炉况对症处理

1）如发现终点温度过高，可补加冷却剂并高枪位补吹，降低熔池温度。

2）如碱度不足，可补加石灰和少量铁皮；如炉渣未化好，结块成坨，提高枪位、补加铁皮，继续吹炼、化渣，提高炉渣碱度。

3）如果终点（FeO）过高，则要求低枪位补吹，降低（FeO）。

（2）倒渣

倒炉时流去较多高磷炉渣，使熔池总磷量减少。

（3）造新渣

倒渣后补加石灰、铁皮等，然后降枪补吹，要求造成高碱度、高氧化性的新炉渣，提高脱磷能力。

若造新渣后倒炉取样磷仍超过终点要求，可再次进行倒渣 – 造新渣的操作，直到终点钢水磷成分合格为止。

如钢水中磷高而碳低，可补兑适量铁水或加入适量生铁块、铁皮等渣料后补吹，也可有效去磷。

8.8.2　注意事项

（1）终点前根据铁水含磷、炉渣情况，并借助火焰特征，了解和掌握钢中［P］含量及其变化趋势，随时调整脱磷工艺。

（2）终点前发现磷高，在操作上主要采取倒掉磷高炉渣，并加适量渣料，造高碱度、高氧化性炉渣及降低炉温，提枪增加（FeO）数量，帮助化渣等措施，创造去磷条件。

（3）经终点磷高处理过的钢水，要特别注意防止和减少回磷。

8.8.3　知识点

脱磷反应是在钢渣界面上进行的，脱磷的基本条件是低温、高碱度、高氧化性和适当流动性的渣量，所以处理磷高的措施大致应遵循这些原则。

8.8.3.1　钢水回磷

磷从炉渣中重新返回钢水的现象都称之为"回磷"。例如，在转炉炼钢的成品钢中，含磷量往往比吹炼终点钢水中的含磷量高；在吹炼过程中由于熔池温度过高、炉渣碱度和氧化铁含量过低、炉渣返干等原因，就会发生钢水中磷含量重新升高的现象。

8.8.3.2　回磷产生的原因

（1）出钢过程中的回磷。氧气顶吹转炉在钢包内进行脱氧和合金化时，以及在出钢过程中，都可能发生磷由炉渣返回钢水的现象。钢水脱氧后在钢包中储存时期（称镇静）及在浇注过程中也可能发生回磷。一般在钢包中回磷现象是较严重的。吹炼终点到钢水浇注完毕的过程中，钢水磷含量的变化实例表明，处于钢包上部的钢水中磷含量增加较多，浇注结束后最大回磷量高达 0.02% 以上。

（2）氧气顶吹转炉是没有还原期的，钢水在氧化渣条件下加脱氧剂出钢浇注的，这必然会将渣中（P_2O_5）中的磷还原而进入钢中。由于各厂的生产条件、工艺制度不同，钢水在出钢、脱氧、浇注过程中的回磷量也有较大的差别。

（3）影响回磷产生的因素。钢水温度过高；脱氧剂加入降低了（FeO）活度，使炉渣氧化能力下降；使用硅铁、硅锰合金脱氧，生成大量的 SiO_2，降低了炉渣碱度；浇注系统耐火材料中的 SiO_2 溶于炉渣使炉渣碱度下降；出钢过程中的下渣量和渣钢混冲时间；钢包内衬材质等。

8.8.3.3　减少回磷的措施

（1）防止吹炼中期炉渣的回磷，主要是保持（FeO）含量大于 10% 以上，防止炉渣返干。

（2）控制终点温度不能太高，并调整好炉渣成分，使炉渣碱度保持在较高的水平，以在很大程度上防止或控制回磷的发生。

（3）防止渣中氧化铁含量下降，钢水包内进行脱氧和合金化操作时，使脱氧剂和合金料在出钢至 2/3 前加完。

（4）出钢时严防下渣，如采取挡渣球等措施对防止回磷和稳定合金回收率都有好处。

（5）采用碱性包衬，以免由于酸性衬被侵蚀而降低所下渣的碱度，造成回磷。

（6）提高钢包内渣层的碱度，在出钢时向包内投入少量小块活性石灰，一方面抵消包衬黏土砖被侵蚀造成的炉渣碱度下降，另一方面可以稠化炉渣，以阻止钢 - 渣界面发生回磷反应。

思考题 8 - 8

（1）处理钢中磷高有哪些工艺措施？

（2）如何避免造成钢水回磷？

8.9　硫高的处理

8.9.1　操作步骤或技能实施

8.9.1.1　高硫铁水的处理

转炉炼钢去硫的能力有限，所以高硫铁水不准入炉，必须进行处理。

（1）铁水预脱硫处理。铁水预脱硫的方法有铁流搅拌法、摇包法、机械搅拌法、喷吹气体搅拌法、镁焦脱硫法、气体提升法等，根据对脱硫的要求和现有设备状况选用一种预脱硫方法。

（2）搭配使用高硫铁水。在优良低硫铁水中掺和部分高硫铁水，可使用一般方法进行冶炼，终点硫能在合适的范围内。此法用于没有铁水预脱硫设备的转炉炼钢厂。

8.9.1.2　终点硫高的处理

（1）如发现终点温度偏低，可降低枪位继续吹炼，提高熔池温度。

（2）如炉渣未化好，结块成坨，可提高枪位，补加铁皮，继续吹炼、化渣，炉渣碱度提高后即可降低钢中硫。

（3）如发现炉渣碱度不够或炉渣过稀，则说明石灰加入量不足或石灰质量太差，需要继续补加石灰、铁皮（若渣过稀可不加铁皮），继续吹炼，提高炉渣碱度。

（4）对终点硫偏高较多的炉次要进行多次倒渣，多次造高碱度新渣，即要多次重复上述操作，使硫逐步降低，直至符合要求。但会导致全连铸失败。

（5）在确保较高碱度情况下，延长后吹期，大幅度提高（FeO）量，提高炉渣去硫和炉气去硫的效率。

（6）如经几次补吹硫降不下来，可以在炉内加入 Fe－Mn，使硫下降。

（7）如此时硫仍不能满足要求，而碳已经很低，需向炉内兑入部分铁水或生铁块，然后少量补吹，以改善脱硫反应的热力学和动力学条件。

（8）炉外脱硫，一般用于对硫要求较严的钢种。

8.9.2　注意事项

（1）高硫铁水不准整包入炉，必须经过铁水预脱硫，或搭配使用。

（2）发现钢水终点 [S] 高，必须找出原因，然后对症处理，即要检查炉温、炉渣碱度、（FeO）、枪位、氧压等，经调整后再补吹，使硫下降。经多次补吹后的钢水不得冶炼优质钢。

（3）若发现终点硫高得异常，而检查炉温、渣况均基本正常时，必须询问用同类铁水等原料的其他炉座，若也有终点硫异常的情况，则必须考虑到原材料的含硫量，即必须检查铁水、废钢、石灰的含硫量。

（4）若是入炉原材料含硫超标，应调换入炉料或控制入炉料的每炉次加入量。

8.9.3　知识点

原材料中硫含量对冶炼的影响。在硫分配比 L_S 一定的情况下，金属含硫量取决于炉料含硫量和渣量，其关系式如下：

$$\sum w(S) = w[S] + w(S) \times \frac{b}{100}$$

式中　$\sum w(S)$——炉料带入熔池的总硫量；

　　　$w[S]$——金属含硫量，%；

　　　$w(S)$——炉渣含硫量，%；

　　　　b——渣量，kg；

　　　100——金属量，kg。

根据 $L_S = w(S)/w[S]$ 得 $w(S) = L_S w[S]$，代入上式得

$$w[S] = \frac{\sum w(S)}{1 + L_S \times \dfrac{b}{100}}$$

设 $L_S = 10$ 并且渣量为金属量的10%，则上式表示钢水中的硫为炉料带入总硫量的一半。实际上这也难做到，因为假设 $L_S = 10$，而实际一般 $L_S = 7 \sim 10$，所以一般 $w[S] \geqslant \sum w(S)/2$。因为转炉炼钢去硫有限，必须尽量减少炉料中硫的含量，以减轻冶炼中去硫的负担，才能确保钢种终点硫的要求。

降低炉料（铁水）中硫的最好办法是进行铁水预处理。否则只能搭配使用。

思考题 8－9

（1）终点硫高如何处理？

（2）处理终点硫高应注意哪些问题？

【自我评估】

（1）氧枪漏水如何处理，处理氧枪大漏水时关键的一点是什么？

（2）如何处理汽化冷却烟道及炉口水箱的漏水？

（3）氧枪或设备漏水对安全生产的危害性有哪些？

（4）喷溅的原因和预兆有哪些？

（5）喷溅的防止措施有哪些？

（6）造渣有几种方法，各有何特点？

（7）喷溅与炼钢工艺参数有何关系？

【评价标准】

按表 8 - 3 进行评价。

表 8 - 3　评价表

考核内容	内容	配分	考核要求	计分标准	组号	扣/得分
项目实训态度	1. 实训的积极性； 2. 安全操作规程遵守情况； 3. 遵守纪律情况	30	积极参加实训，遵守安全操作规程，有良好的职业道德和敬业精神	违反操作规程扣20分； 不遵守劳动纪律扣10分	1	
					2	
					3	
					4	
					5	
软件基本操作	1. 会初始化各项生产参数； 2. 能基本完成转炉冶炼仿真实训全部流程	30	掌握基本冶炼操作	系统初始化操作10分； 基本冶炼操作20分	1	
					2	
					3	
					4	
					5	
安全生产	学习冶炼岗位安全操作规程	40	能根据异常工况和危险工况采取相应处置措施	根据异常工况和危险工况采取相应处置措施40分	1	
					2	
					3	
					4	
					5	
合　计		100				

附录 炼钢车间安全操作规程

文件编号：××××××

作 业 文 件

炼钢车间安全操作规程

版号：C

发放号：____

2013 年 8 月 16 日批准　　　　　　　　　2013 年 8 月 16 日实施

××××钢铁股份有限公司

××××钢铁股份有限公司炼钢厂　　　编号：×××

作 业 文 件

炼钢车间安全操作规程

一、值班工长、炉长安全操作规程

（1）必须熟悉各岗位工作及各岗位安全、设备、工艺操作规程，在班前会安排当班生产任务时，还必须布置、交代安全注意事项及防范措施、熟悉本岗位相关设备安全性能及要求。

（2）接班前必须认真督促本班人员检查所有工具、工艺设施、设备，尤其要检查安全防护装置及信号联系装置是否完好，炉下是否积水，中、低压力水箱所有出水是否正常，发现问题及时处理，具备生产条件后方可吹炼。

（3）对班中违章的人员，须及时制止，并对其教育和考核；对不服从管理的人员，责令其退出生产场所。

（4）值班工长在生产过程中，须随时掌握整个流程状态，及时协调、组织解决当班出现的各种隐患，做到安全生产。

（5）当班出现设备、生产故障，须及时向调度反映并积极组织处理，不准以任何理由违章作业或遗留给下一班。

（6）在炉下清渣（或铲渣）过程中要有专人监护，同时启用警示灯，不准倾动炉子。

（7）遇炉前故障未加合金或钢水氧性较高时，炉长要指挥做好钢水脱氧工作；并要求底吹氩6分钟以上，及通知吹氩站喂铝线100m/炉，硅钙线100m/炉。否则地面人员不得接近钢包。

（8）碳粉、合金过早加入，必须保证开大氩气量吹氩5分钟，防止钢水大翻。

（9）炉长指挥挡渣车时只能做手势。

（10）焊烟罩或处理下料口堵塞，应先将烟罩（道）内钢渣清理干净。

（11）清理炉口结渣时，必须确认轨道内无积水、无人后方可操作。

（12）进入底吹氮氩阀站前，应预先打开门窗与排风扇，确认安全后方可入内。

（13）熟悉本岗位典型《事故预案》，并能熟练掌握运用相关应急措施。

（14）清渣前，必须将烟道、罩裙内的浮渣及炉壳、出钢口、炉口、护炉板、两侧墙板的浮渣打净，并由值班工长、炉长确认无误后方可清渣。

（15）出钢口下套管前必须用氮气刷烟道，以清除烟道、罩裙内的浮渣，并用拆炉机等清除炉口结渣，由值班工长、炉长确认无误后方可进行下套管操作。

（16）转炉补炉后冶炼第一炉，拉碳（包括补前、后大面）、摇炉或出钢时，炉长（包括炉前工参与）要时刻注意炉内变化，防止补炉料翻出。出钢前，任何人不得在炉后通过或停留，炉长确认无人后再出钢，防止发生烫伤事故。

（17）炉内有积水时，应立即停止底部供气。

（18）兑铁水、进废钢时，必须打开警报器（灯）；待兑好铁水、进完废钢后，再关闭警报器（灯）。

（19）测转炉"零位"前，通知废钢过磅工准备好干燥、无夹杂物的废钢；测好转炉"零位"后，该炉次必须进干燥、无夹杂物的废钢（若无干燥废钢，不测"零位"）。

二、预处理搅拌脱硫、扒渣安全操作规程

1. 搅拌脱硫：

（1）微调对位，搅拌时铁水罐正负误差不得超过 50mm，锁定罐位。

（2）铁水液面控制在 500~600mm 之间，不准超限。

（3）搅拌器侵蚀严重时，不准使用。

（4）电视画面无异常显示时，不准改变。

（5）机旁操作轨道板升降时，若遇升降板铰链卡死或液压设施异常时，严禁强行使用。

（6）更换修补搅拌头时，先将机旁操作轨道板放下到位，并确认轨道上及轨道边和平车上无人后，方能开动平车。

（7）装卸搅拌头螺丝时，应将盖板放下，并确认盖板安全可靠，系好安全带后方能操作。

（8）热修补搅拌头时，必须穿戴好劳保用品，戴好防辐射面具，防止烫伤，口袋里严禁装有气体打火机。

（9）热修补搅拌头时，必须先除去残渣，找准部位，及时贴补。

（10）使用煤气应遵循先点火、后开气的原则。点火后，应经常检查煤气燃烧情况，若发现煤气熄火，须及时关闭煤气，并检查煤气熄火原因，待处理好后再点火。

（11）接班后，需检查煤气管道是否漏气。当发现煤气管道漏气时，须及时汇报处理。

（12）新搅拌头必须小火烘烤 72 小时以上，在确保干燥、安全的情况下方能使用。

（13）有吊物经过，应注意避让。

（14）使用吊具前，须检查吊具是否完好可靠，如有链条裂缝、钢丝绳断股、吊袋不牢固，均不得使用。

（15）起吊物件时，人员要站好位置，在确保安全的情况下方能指挥行车起吊。

（16）启动平车前，必须确认平车上、平车旁无人，并仔细观察其前进方向，确认无人及无障碍物后，应先点动一下平车，然后再启动。

2. 扒渣：

（1）扒渣机链条断裂或松动，不准扒渣作业。

（2）扒渣机周围有人或未报警，不准扒渣作业。

（3）扒渣前必须检查渣罐是否对位准确、干燥，渣罐潮湿或有水时，严禁使用，防止爆炸伤人。

（4）调整好扒渣机前后行程、大臂高度，操作时不准撞刷平台。

（5）出现异常情况，分功能关闭紧停。

（6）作业完毕后，扒渣机返回后端，并按要求将铁水罐安全运行到所需工作区域，

或转入地面操作工操作。

三、操枪工安全操作规程

（1）冶炼前应检查炉子与氧枪、副枪和烟罩的联锁装置是否完好，氧枪和副枪高压水是否正常，中低压水所有出水是否正常。

（2）如冶炼中发生氧枪坠落事故，应采取紧急提枪。若氧枪提不起来，应先切断氧气，再切断高压水，并停止底部供气。如自动系统无动作，应立即通知停高压水泵，待维修人员处理将枪提出，确认炉内水完全蒸发后，才可摇炉。

（3）烟罩、氧枪粘渣严重需处理时，应切断氧气来源后方可进行处置。

（4）溅渣护炉或稠化渣子结束后应倒炉检查，确认无流动性渣子后方可兑铁水。

（5）终点倒炉时必须先关挡火门，在炉长指挥下缓慢摇炉。遇提枪时出现大喷征兆，不得马上摇炉，待炉内平静后，方可缓慢摇炉。任何情况下倒炉，炉前平台人员都必须退至安全地段。

（6）开、闭炉前挡火门时，操作人员必须进行安全确认。

（7）随时检查氧枪有无渗漏水情况，发现漏水较大立即停吹，停高压水；严禁动炉，并停止底部供气。经确认水蒸发完后，方可缓慢摇炉。摇炉时，挡火门应处于关闭位置。

（8）遇雨天废钢潮湿应先加废钢并向后摇30度，再向前摇80度，等水蒸发完后再兑铁水。

（9）当水冷系统发生泄漏或水流成线时，必须按程序提枪处理后方能冶炼。

（10）调试氧气或氮气压力及流量前，操作人员应通知周围人员避让。

（11）在吹炼过程中炉口冒烟严重，应立即停吹检查。

（12）转炉冶炼过程中，应严格按照降、升罩要求进行操作。

（13）冶炼过程中遇大喷情况，应及时电话提醒一次除尘工终止回收。

（14）补炉的头一炉和开新炉前4炉，不进行煤气回收。

（15）当接到调度或汽化、除尘风机或煤气站要求停止冶炼的要求时，应无条件服从。

（16）溅渣护炉作业时，应对警示信号、极限、动力能源、压力、流量、氮氧切换调节设备等进行安全确认。

（17）严禁用氧气进行溅渣作业。

（18）倒炉温度高时，严禁吹氮气降温。

（19）因任何原因转炉停吹8小时（含8小时）以上，重新开始生产前均应按新炉开炉的要求进行准备，认真检验各系统设备与联锁装置、仪表、介质参数是否符合工作要求，出现异常及时处理，没有达到要求不得生产。

（20）接到铲渣信号后，禁止摇炉，并挂牌于摇炉手柄。得到铲车离开信号后，方可摇炉操作。

（21）兑铁水、进废钢时，必须将炉前玻璃保护装置关好并打开警报器（灯），待兑好铁水、进完废钢后，再打开保护装置并关闭警报器（灯）。

（22）熟悉本岗位典型《事故预案》，并能熟练掌握运用相关应急措施。

四、出钢工安全操作规程

（1）新开炉（或修补炉）倒渣或出钢，应等炉台人员避让开后，方可进行，以防炉衬烧结不良，发生炉衬剥落或补炉料塌落产生炉内钢渣大喷，造成伤害事故。

（2）出钢时，包内的钢水不能放得太满，液面应低于包沿 300mm。

（3）启动钢、渣包车前，应进行安全确认。

（4）摇炉放钢时，必须确认炉下及周围无人后，方可进行操作。

（5）遇烟罩漏水，倒渣应缓慢，防止渣子外溢；渣包满时不能强行倒入；溅渣后倒渣应在 90 度左右位置停留 5~10 秒，使炉膛内的炉渣充分聚集。

（6）开、闭炉后挡火门前，应通知周围人员避让。

（7）检修完后开炉前，应检查确认各相关系统与设备无误，并遵守下列规定：1）测温取样时，不应快速摇炉。2）倾动机械有故障时，不应强行摇炉。

（8）钢水放完后，应在确认挡渣车不在炉内后，方可摇炉。

五、炉前工安全操作规程

（1）炉台应保持干燥，以防钢水打爆伤人。

（2）兑铁水、进废钢或提枪倒炉时，所有操作人员都不准站在炉口的正面，防止喷溅爆炸伤人。

（3）吹炼过程中，不允许任何人进入炉子下方作业（含处理合金溜斗槽）。

（4）补炉后、兑铁前，应检查炉内是否有液体渣，如有渣，先加石灰稠渣后再缓慢兑铁，严禁留稀渣兑铁。

（5）炉前煤氧枪、喷补枪用后应放在存架上，并把胶管理顺。

（6）加挡渣球（塞）时站位须得当，防止挡渣车和钢渣伤人。

（7）指挥铁罐吊到炉前，不准指挥行车挂着副钩等待兑铁水，也不许让铁水罐停留的位置高于 1.5 米。

（8）兑铁水、进废钢必须有专人指挥，通知周围人员避让。指挥者要站在安全和有退让的位置，指挥手势和口哨必须明确。

（9）兑铁水速度应先慢后快，当发现有喷渣先兆时，立即停止兑铁水，等炉内平静后再兑，防止喷渣伤人。

（10）确保装入量准确，不因超装或少装给操作带来被动，特别是炉内钢水未放完时，兑铁水前应先加废钢或石灰。

（11）拆炉机在工作时，其旋转半径内严禁站人。

（12）上塔楼三至七楼作业必须有两人以上同行，并携带煤气报警器。

（13）使用叉车前应检查叉车止刹是否有效，叉车两肩是否平稳，若有问题，严禁使用。

（14）清理下料口渣及氧枪口结渣时，必须确认炉前、炉下无人。

（15）出钢时，操作人员应避免正对炉口。

（16）遇行车吊物经过，应注意避让。

（17）向下抛掷物件时，要有人在下面安全监护，在确保安全的情况下，方能抛掷物件。

（18）使用吊具前，须检查吊具是否完好可靠，如发现链条裂缝、钢丝绳断股、吊斗、吊袋不牢固、钩头变形，均不得使用。

（19）吊挂物件时，人员要站好位置，在确保安全的情况下方能起吊。

（20）在炉下区域（包括炉前、炉后平台下面）作业前，应观察其上方是否有松动物，若有松动物，必须将松动物清除后，方能作业。严禁在不安全的地方作业。

（21）清理刮渣器上的钢渣时，要确认炉子是否摇正。当炉子摇正时，方能将钢渣铲入氧枪孔里。若炉子未摇正，应在炉下未有铲车铲渣或炉下未有人工作的情况下，方能将钢渣铲入氧枪下枪孔里。当炉下有铲车铲渣或炉下有人工作时，严禁向氧枪下枪孔里铲钢渣。

（22）在刮渣器、烟道旁作业时，操作人员不要挨到蒸汽管，同时要站好位置，防止误操作刮渣器，导致机械伤害或蒸汽管烫伤事故。

（23）在清理炉前、炉后平台上的钢渣、积灰前，需确认挡火门已关好后方可作业，防止烟罩、烟道上的钢渣掉下飞溅伤人。

（24）要进行烧煤氧作业时须严格执行下述规定：

1）使用前，先检查所用工具、胶管等，保证完好无泄漏，否则不准使用。

2）烧煤氧时必须两人同场操作，一人负责开关煤氧阀门，一人负责烧煤氧工作。工作中双方要密切联系。

3）开煤氧和烧煤氧人应配合好。使用煤气氧气时，不准戴沾有油污的手套或穿有油的工作服。

4）烧煤氧时，手不准握在胶管与烧煤氧管的接口处或接口前方，防止回火烧伤。

5）发生煤氧回火，要立即通知配合人关闭气源。

6）烧煤氧人员必须戴好防护眼镜。烧煤氧用的氧气管（不包括大包烧眼）长度不得小于1.5米。

7）不准用煤氧气吹扫场地和对着人吹，不准吹扫衣物，不准使用煤氧气管风管开玩笑。

（25）熟悉本岗位典型《事故预案》，并能熟练掌握运用相关应急措施。

六、铁水指挥工安全操作规程

（1）班前、班中经常检查铁水包挂耳（包括挂耳挡板）、铁水包副钩挂环是否有脱焊、缺损、磨损情况，若有问题，需及时汇报处理。严禁使用有安全问题的铁水包。

（2）指挥行车起吊前，要确认行车钩子是否勾好铁水包挂耳，铁水包旁边是否有人，在确保安全的情况下，方能指挥行车起吊。

（3）使用铁水包前，要检查铁水包是否干燥，严禁使用不安全的铁水包。

（4）发现铁水在铁水包内有喷溅征兆时，严禁起吊铁水包。若在吊运过程中发现铁水在铁水包内有喷溅征兆时，须立即通知行车工将铁水包吊落在安全且无人的平整地面上，并通知周围人员立即离开危险区。

（5）当铁水包漏铁水时，须通知地面人员避让，并立即向炉前工长汇报处理。

（6）路过机车轨道时，要一停、二看、三通过。路过时要小心，防止车辆伤害或摔跤跌伤。

（7）煤气点火要求：先点火，后开气。煤气点火后，须经常检查煤气燃烧情况，若发现煤气熄火，须及时关闭煤气，检查熄火原因，待处理好后，再点火燃烧。

（8）煤气点火后，须关闭煤气金属软管两头的闸阀，然后解开金属软管（一边），防止闸阀泄漏煤气流入氮气管，导致煤气中毒事故。

（9）接班后，需检查煤气管道是否漏气。当发现煤气管道漏气时，须及时汇报处理。

（10）经过行车吊物场所，应注意避让。

（11）使用吊具前，须检查吊具是否完好可靠，如有链条裂缝、钢丝绳断股、吊袋不牢固等，均不得使用。

（12）起吊物件时，人员要站好位置，在确保安全的情况下方能指挥行车起吊。

七、废钢过磅工安全操作规程

（1）当废钢潮湿时，要及时向炉前工长汇报。

（2）检查废钢、生铁是否夹有易燃易爆物品（包括密封容器），发现易燃易爆物品（包括密封容器）要及时排除，并向作业区或厂安全部门汇报。

（3）班前、班中经常检查废钢斗挂耳（包括挂耳挡板）是否有脱焊、缺损、磨损情况，检查废钢斗是否有漏洞，若有问题，需及时汇报处理，严禁使用有安全问题的废钢斗。

（4）收捡撒在废钢、生铁场地周边的废钢、生铁时，要注意来往车辆。

（5）装在废钢斗上的生铁、废钢不能露在废钢斗外面，防止在吊运过程掉下伤人。

（6）指挥行车起吊废钢斗前，要确认行车钩子是否勾好废钢斗挂耳，废钢斗周边是否有人，在确保安全的情况下，方能指挥行车起吊。

（7）在废钢场地行走时，思想要集中，防止被废钢等物绊倒摔伤。

（8）严禁在吊物下行走、站立，防止起重伤害事故。

八、渣包车工安全操作规程

（1）上班前做好接班的点检工作，检查所属范围内的工具、设备、轨道是否完好，轨道周围是否积水，并检查与炉前操作台的联系信号装置是否良好。炉下有积水时应立即通知炉前工长停炼并及时处理。

（2）在清理轨道上的余渣和废钢前，应查看头顶上方两侧挡渣板及炉壳上的挂渣是否结牢，对有可能掉落的应及时清除，以防震落伤人，并派专人监护。

（3）吹炼中，不得在炉体正下方清扫废渣，以防喷渣伤人。

（4）严禁边倒渣边打水压渣，也不得使用潮湿垃圾压渣。

（5）发现渣包（罐）积水，必须及时更换，并通知炉前值班工长，以防发生爆炸。

（6）启动渣包（罐）车前，必须确认渣包车上无维修工点检或处理故障，并检查电器的接零接地情况是否良好；启动时，必须时刻对其前进方向加以彻底瞭望，确认无人或无异常情况后，方可继续启动渣包（罐）车。

（7）渣包（罐）有裂缝、潮湿或积水时不能使用。

（8）电缆接头不能有裸露。用事故钢丝绳拉渣包车时，人员要站在安全位置，并要求周围人员避让开，以防钢丝绳断弹伤人。

（9）放钢、倒渣时，渣包（罐）车工应站在安全位置。

（10）渣包（罐）车出现故障时，应先将渣包（罐）车拖至安全位置，并通知炉前和检修人员处理，拉电挂牌，做好监护工作。

（11）在清理渣包（罐）车上的渣子前，应切断电源，并挂警示牌。要按规定的线路上、下钢包车，严禁从钢包车上跳下来。

（12）铲渣作业应在得到炉前工长通知后方可进行。

（13）对红渣打水要均匀，不准有积水。

（14）炉下铲渣（清渣）时，应确认红渣底部已凝固（若无法判断，打水后需等待40分钟或隔炉铲渣，同时确认红渣周围无积水），并需打开警报器（灯）。

（15）更换渣包（罐）时，渣包（罐）车工必须对渣包（罐）进行安全确认。

（16）渣包（罐）车运行区域不得有水或潮湿物品。

（17）拆炉机清理炉口时，渣包车上的渣罐要对到位，同时炉下要打开警报器（灯）。

（18）使用吊具前，要检查吊具是否完好，严禁带病使用。

（19）更换钢、渣包车时，吊具要挂牢，防止松脱伤人。起吊时，人员要站好位置，在确保安全的情况下方能指挥行车起吊。

（20）在炉下区域（包括炉前、炉后平台下面）作业前，应观察其上方是否有松动物，若有松动物，必须将松动物清除后，方能作业。严禁在不安全的地方作业。

（21）严禁用铲车顶钢包车。

九、钢包车工安全操作规程

（1）上班前做好接班的点检工作，检查所属范围内的工具、设备、轨道是否完好，轨道周围是否积水，并检查与炉前操作台的联系信号装置是否良好。

（2）在清理轨道上的余渣和废钢前，应查看头顶上方两侧挡渣板及炉壳上的挂渣是否结牢，对有可能掉落的应及时清除，以防震落伤人，并派专人监护。

（3）启动钢包车前必须确认钢包车上无维修工点检或处理故障，并检查电器的接零接地情况是否良好，启动时必须时刻对其前进方向瞭望，确认无人或无异常情况后，方可继续启动钢包车。

（4）电缆接头不能有裸露。

（5）插、拔底吹皮管时，应认真执行《钢包底吹手插管安全操作规定》。

（6）放钢、倒渣时，钢包车工应站在安全位置。

（7）钢包车出现故障时，应先将钢包车拖至安全位置，并通知炉前和检修人员处理，拉电挂牌，做好监护工作。

（8）用事故钢丝绳拉平车时，要站在安全位置，并要求周围人员避让，以防钢丝绳断弹伤人。挂事故钢丝绳、拔底吹气管前，要关闭底吹气，打开放散气阀，停止喂线，同时要观察包内钢水是否有喷溅征兆，若有喷溅征兆，严禁人员靠近钢包，以防钢水喷溅伤人。平时严禁人员靠近装有钢水的钢包，以防钢水喷溅伤人。

（9）在清理钢包车上渣子前，应切断电源，并挂警示牌。要按规定的线路上、下钢包车。严禁从钢包车上跳下来。

（10）煤气点火要求：先点火，后开气。煤气点火后，须经常检查煤气燃烧情况，若发现煤气熄火，须及时关闭煤气，检查煤气熄火原因，待处理好后，再点火燃烧。

（11）煤气点火后，须关闭煤气金属软管两头的闸阀，然后解开金属软管（一边），防止闸阀泄漏煤气流入氮气管，导致煤气中毒事故。

（12）接班后，需检查煤气管道是否漏气。当发现煤气管道漏气时，须及时汇报处理。

（13）钢包车运行区域、地坪不得有水或潮湿物品。

（14）使用吊具前，要检查吊具是否完好，严禁带病使用。

（15）更换钢、渣包车时，吊具要挂牢，防止松脱伤人。起吊时，人员要站好位置，在确保安全的情况下方能指挥行车起吊。

（16）严禁用铲车顶钢包车。

（17）在炉下区域（包括炉前、炉后平台下面）作业前，应观察其上方是否有松动物，若有松动物，必须将松动物清除后，方能作业。严禁在不安全的地方作业。

（18）熟悉本岗位典型《事故预案》，并能熟练掌握运用相关应急措施。

十、CAS吹氩工安全操作规程

（1）吹氩前必须认真检查电器、升降设备、减压阀、压力表等是否完好，如有失灵现象，要及时进行调换修理。

（2）吹氩时，须等插管人走开至安全位置后再操作，以防钢渣在吹氩过程中溅出伤人。

（3）吹氩操作时，氩气工作压力不得高于0.30MPa。如遇钢包透气砖有堵塞现象，需开大氩气吹通，必须先确认钢包周围无人，并有专人监护方可进行操作。

（4）加废钢和保温剂时，要站在安全位置，以免钢水溅出伤人，严禁使用潮湿的废钢和保温剂。

（5）各种操作工具（热电偶、取样器、测温枪）必须干燥。

（6）灌引流砂时，必须对钢包进行吹扫检查，发现钢包异常必须报告值班工长。

（7）喂线前应确认导管正对包内，防止线喂至包外伤人。

（8）喂线机换线前，必须将喂线机电源关闭。

（9）遇有行车吊物经过，应注意避让。

（10）使用吊具前，须检查吊具是否完好可靠，如发现链条裂缝、钢丝绳断股、吊斗、吊袋不牢固，均不得使用。

（11）吊挂物件时，人员要站好位置，在确保安全的情况下方能起吊。

（12）在CAS下面区域作业前，应观察其上方是否有松动物，若有松动物，必须将松动物清除后，方能作业。严禁在不安全的地方作业。

十一、拆、砌炉工安全操作规程

（1）拆、砌炉前，应确认：

1）活动烟罩液压手动球阀已关死。

2）砌炉前，炉子倾动系统已安全停电，并通知电工拉电、挂牌。

3）副原料停电，汇总阀、防火阀已处于关闭状态。

4）氧枪平移至中心位置（两根枪正好都不在氮封口），并在氮封口加盖（内有照明）。

5）副枪密封帽关闭。

6）底吹系统：①关闭氮气、氩气总阀，关闭10个支阀（含旁通手阀），并挂牌；②压缩空气已关闭（试新的透气砖时，由专人负责开关）。

7）炉前挡火门已拉电。

8）所拆、砌炉子的氧气、氮气手动阀关闭。

9）除尘、汽化系统不允许与砌炉有关的同步作业。

（2）拆、砌炉前应认真检查吊具、榔头等工具，确认完好后方可使用。

（3）拆、砌炉现场必须拉好安全警戒线。

（4）必须在清除炉口内外和炉体、烟罩、挡渣板及两侧等处的残渣粘钢后，方可砌炉。

（5）拆炉时，应根据情况按规章正确使用拆炉机。

（6）砌炉工应手持安全低电压照明灯具。

（7）砌炉前须将防护安全罩装好，防止石灰、水、结渣等落下伤人。

（8）炉内堆放砖和工具一定要稳妥，防止倒塌伤人。

（9）砌炉时，炉内严禁吸烟。

（10）转炉拆炉时，人员不得在炉下区域行走或停留。

（11）采用风镐拆炉时，作业人员应佩戴防护眼镜，并注意站位安全，防止落砖伤人。

（12）拆、砌炉期间，主控室内必须有专人负责监控。

十二、炉下作业安全操作规程

（一）炉下作业部分

（1）在炉下作业前，必须与炉前取得联系，做好安全防范措施：

1）首先，关闭挡火门、观察窗，然后用高压氮气在氧枪标高20～24m区域吹刷烟罩、烟道。

2）清理炉裙、溜渣板、下料管、挡火墙上的结渣。

3）拍炉子倾动紧停开关，切断电源，挂好警示牌（严禁摇动炉子）。在确认烟罩、烟道、炉裙、溜渣板上的结渣清理（吹刷）干净后，在炉台上有专人安全监护（防止他人向炉下抛掷物品）的情况下，方能在炉下作业。

（2）炉子冶炼时，严禁在炉下危险区域作业（或行走）。

（3）处理炉下事务划分：

1）当处理炉子中心线以东事务时，只允许人员在炉子中心线以东区域作业、行走，严禁人员进入炉下中心线以西区域。

2）当处理炉子中心线以西事务时，只允许人员在炉子中心线以西区域作业、行走，严禁人员进入炉下中心线以东区域。

（4）清撬渣钢时，人员必须站好位置，防止挡渣墙上的渣子掉下伤人。

（5）处理炉下事务前（包括钢、渣包车工）工长或炉长要指定专人在炉台上进行安全监护，防止他人向炉下抛掷物品。

（6）在处理炉下事务时，若渣钢红烫，可在渣钢上适当洒水降温，但严禁炉下产生积水现象。

（二）炉下铲渣部分

（1）炉下铲渣前的准备工作

1）关闭挡火门和炉后观察窗。

2）将炉裙、溜渣板上的结渣清理干净。

3）对红渣打水要均匀，不准有积水。

4）应确认炉下红渣已完全凝固（若无法判断，打水后需等待 40 分钟或隔炉铲渣，同时确认红渣周围无积水），并打开警报器（灯）。

5）拍炉子倾动紧停开关，切断电源，挂好警示牌（严禁摇动炉子）。

（2）在溅渣护炉时，当炉内渣子稳定，由主操或炉长通知渣包车工，允许铲车进入炉下铲渣。

（3）渣子稀时，严禁铲车进入炉下铲渣。

（4）在铲炉下渣钢时，若渣钢红烫，可在渣钢上适当洒水降温，但严禁炉下有积水现象。

（5）铲车在炉下铲渣时，工长或炉长要指定专人在炉台上进行安全监护，防止他人向炉下抛掷物品。

（6）铲车在炉下铲渣时，渣包车工要做好安全监护，严禁钢、渣包车开进炉下。

（7）若因特殊情况（改钢种），钢渣包车要开回炉下，必须事先通知司机将铲车开走后，方能将钢渣包车开进炉下。

十三、检查铁包、在吊装孔吊物安全操作规程

（1）检查铁包、在吊装孔吊物前，需打开蜂鸣器报警，拉好活动链条（指在吊装孔吊物），并通知所有人员离开危险区，待检查铁包（或吊物）完毕，再关闭蜂鸣器。

（2）检查铁包时，须指挥行车工控制好主、副钩升降高度，防止铁包内的液态铁渣倒出伤人。

（3）在吊装孔吊物过程中，一定要有专人在地面做好安全监护工作，防止人员或车辆在吊装孔下面通过（将物吊到二楼前，需打开二楼吊装孔活动栏杆，待吊物完毕，再关闭活动栏杆）。

（4）接班需检查蜂鸣器使用情况，若发现蜂鸣器出现故障，需及时汇报处理（在未处理之前检查铁包时，须在危险区域拉好安全警示绳）。

十四、清理钢包、渣包、铁水平车安全操作规程

（1）清理钢包、渣包、铁水平车上的钢渣前，应将钢包、渣包、铁水平车开至安全位置，然后切断电源（或将电源转向钢包、渣包、铁水平车工操作平台）。

（2）上、下钢包、渣包、铁水平车前，要检查脚踏架是否牢固。若有隐患，应禁止上、下钢包、渣包、铁水平车。

（3）要在规定的脚踏架上上、下钢包、渣包、铁水平车。上、下时，要抓好脚踏架。严禁人员从钢包、渣包、铁水平车上跳至地面。

（4）在清理钢包、渣包、铁水平车上的钢渣时，人员要站好、站稳，防止打滑跌落伤人。

（5）当钢包、渣包、铁水平车上的钢渣清理干净后，清理人员要取下"严禁合闸"警示牌，并将钢包、渣包、铁水平车恢复正常状态。

（6）严禁在 CAS 站正下方清理钢包车，防止钢渣、隔热板掉下伤人。

十五、风动送样安全操作规程

（1）送样程序

先观察管道门内有无空样罐，如有，按取空样罐程序操作。将小票贴在样上，将样放进装样罐，拧紧样罐盖，竖直放入风动管道中，顺时针旋转开关关闭管道门。当看到左边黄灯亮后，按绿色按钮。右边黄灯亮，表示样罐在发送过程中。右边黄灯熄灭，表示样罐已到达目的地。确认样罐到达后方可离开。

（2）取空样罐程序

当风送空样罐到达后，讯响器"鸣"响、闪光，通知空样罐到达。取罐人员逆时针旋转开关，打开风动管道门，等待 15 秒。用手拿着夹子夹住空样罐，向上提起 3 厘米左右，再向身边平移出。

（3）风动送样装置信号灯含义

亮"绿灯"，表示送样装置信号通电；亮"红灯"，表示禁止使用；亮左边"黄灯"表示已关好门；亮右边"黄灯"，表示样罐正在运行。

（4）作业规定

1）做好与检测中心化验室的信息沟通工作。

2）不准同时发送两个空样罐或两个样罐。

3）设施发生故障时，不要擅自处理，须及时通知维修人员检修。检修时，挂好检修警示牌。

十六、渣罐装液态渣安全操作规程

（1）渣罐车工应在空渣罐吊至渣罐车前，协助准备车间渣罐更换工检查渣罐是否潮湿、积水。如果渣罐潮湿、积水，必须重新更换安全可靠的渣罐。

（2）渣罐车工在炉前倒渣前，只允许将渣罐车开至炉台下面（炉前大梁东面）等待。当炉子倒渣时，方能将渣罐车开至炉下接渣。严禁在炉子倒渣处停留（倒渣时除外），以防渣罐进水，导致爆炸事故。

（3）若烟罩、炉体冷却水等设备有漏水（倒渣位），必须先确认漏水大小。如果漏水大，会造成渣罐内短时积水，应向调度或车间汇报，要求停炉检修；如果漏水小，摇炉工应在炉子摇到合适的角度时（炉内液态渣不出炉口），方可将渣罐车开至倒渣位，然后摇炉倒渣。

（4）渣罐所装的液态渣离渣灌口距离必须大于 200mm。

（5）炉子冶炼造双渣时，在正常情况下，一个渣灌只允许装一炉钢的渣子（若倒前渣时，渣灌已装渣至三分之二时，必须更换渣灌后再接渣）；当渣灌所装的渣子很泡，导致渣子溢出时，渣罐车工应通知所有人员远离渣灌车，同时，在确认渣灌车运行路线无积水、无潮湿的情况下，方能开动渣灌车。

（6）当不留渣作业或补炉、焊补烟罩、炉帽等检修前，炉内钢渣须倒尽，必须提前更换空渣罐接渣；

（7）拆炉机清理炉口结渣时，必须用空渣罐在炉下装渣。严禁用装有钢渣的渣罐在炉下装拆炉机清理下来的炉口钢渣。

注：第（4）条所指的是液态表面结壳渣距离渣罐口必须大于200mm，若渣罐装的是泡沫液态渣，必须等待5分钟以上，待泡沫液态渣消压后再判断液态渣与渣罐口之间的距离。

十七、KR脱硫加石灰石安全操作规程

（1）石灰石入仓前，应检查石灰石是否干燥。若石灰石潮湿，应禁止入仓，防止石灰石潮湿，导致铁水大翻伤人或损坏设备。

（2）吊石灰石入仓前，应检查吊钟是否安全可靠，严禁使用有安全问题的吊钟。在吊运石灰石时，指挥者要先通知其他无关人员离开危险区域，且指挥人员要站在安全可靠的位置上，防止起重伤害等事故。

（3）提前备料（石灰石）500~1000kg。（根据火焰大小称量石灰石用量，确保加石灰石时不烧坏设备）

（4）确认铁水平车开到位后，再将搅拌器下降到脱硫深度。

（5）确认升降小车防火罩已盖好。

（6）确认搅拌危险区域无人后，打开手动扇形阀，将石灰石加入铁水包内，同时打开蜂鸣器（灯）。

（7）加入石灰石后，启动搅拌器。启动搅拌初期，转速控制在20~50转，防止石灰石反应过快导致铁水大翻。稳定后，方可将转速提到90转以内。

十八、清理塔楼卫生安全注意事项

（1）按规定正确穿戴好劳动保护用品。

（2）上下楼梯，手必须扶住栏杆，防止打滑伤人。

（3）上三楼（塔楼）以上作业，必须带好煤气检测仪、对讲机，且至少有两人以上同行，相互监护，经安全确认后，方可作业。

煤气检测仪安全知识：

1）当检测仪数据显示≤24×10^{-6}，属安全工作环境（区域）。

2）当检测仪数据显示$(20 \sim 50) \times 10^{-6}$，只能在此环境（区域）工作2小时。

3）当检测仪数据显示$(50 \sim 100) \times 10^{-6}$，只能在此环境（区域）工作1小时。

4）当检测仪数据显示$(100 \sim 200) \times 10^{-6}$，只能在此环境（区域）工作15分钟。

5）当检测仪数据显示200×10^{-6}以上，人员要立即撤离现场。

煤气中毒症状：

1）轻度中毒：头痛，呕吐，四肢无力。

2）中度中毒：脸红，血压忽高忽低。

3）严重中毒：昏倒，口吐泡沫，窒息死亡。

（4）观察现场环境，将不安全的因素排除后（如将作业上方易松脱的物品清除），方能进入作业现场作业（如果需要操作现场设备时，必须通知操作工操作。绝对不允许清渣工操作设备）。

（5）进入料仓等现场，当心碰头，严禁开、关闸阀，严禁触摸机械传动设备。

（6）在烟罩、烟道、刮渣器旁清理钢渣、积灰前，须与炉长取得联系，待炉长同意，挂好警示牌后，方能作业（炉子吹炼、溅渣护炉、用氮气刷烟罩、烟道时，严禁在烟罩、烟道、刮渣器旁作业）。清理刮渣器上的钢渣时，要先关闭气源阀（清理完后，要打开气源阀），同时确认炉子是否摇正。当炉子摇正时，方能将钢渣铲入氧枪孔里。若炉子未摇正，应在炉下没有铲车铲渣或炉下没有人工作的情况下，方能将钢渣铲入氧枪下枪孔里。在炉下有铲车铲渣或炉下有人工作时，严禁向氧枪下枪孔里铲钢渣。

（7）在刮渣器、烟道旁作业时，人员不要挨到蒸汽管，同时要站好位置，防止人员误操作刮渣器，导致机械伤害或蒸汽管烫伤事故。

（8）遇行车吊物路过时，人员要注意避让，严禁在吊物下行走、站立。

（9）吊挂物件前，要确认吊具是否安全可靠，严禁使用不安全的吊具。吊挂物件时，人员要站在安全可靠且有退让的位置上，在确认安全的情况下方能指挥行车起吊。

（10）严禁在氧气阀室点火、吸烟。

十九、启动钢（渣）包车、铁水平车安全操作规程

（1）启动钢（渣）包车、铁水平车前，钢（渣）包车工、脱硫工必须仔细对其前进方向加以瞭望（若摇炉工、CAS站人员需开动钢、渣包车，必须事先与钢（渣）包车工取得联系，待确认安全后，方能开动钢（渣）包车），确认无人及无人检修钢（渣）包车、铁水平车后，应先点动一下钢（渣）包车、铁水平车，然后再启动。启动时，必须时刻对其前进方向加以瞭望，确认无人或无异常情况后，方可继续启动钢（渣）包车、铁水平车。

（2）钢包在烘烤时，若要开动钢包车，必须先将钢包烘烤盖提高到一定高度，防止钢包碰到烘烤盖，损坏烘烤设施。

（3）接到炉前需放钢通知后，钢包车工将钢包车开至炉子底下（或指挥CAS工开），并停止本操作地点的请求。

（4）钢包车在钢水接受跨、精炼跨或CAS站下面，若摇炉工、CAS站人员需开动钢包车，必须事先与钢包车工取得联系，待钢包车工确认安全后，方能开动钢包车。

参 考 文 献

[1] 冯捷. 转炉炼钢生产 [M]. 北京：冶金工业出版社，2006.

[2] 刘根来. 炼钢原理与工艺 [M]. 北京：冶金工业出版社，2008.

[3] 王庆春. 冶金通用机械与冶炼设备 [M]. 北京：冶金工业出版社，2004.

[4] 王庆义. 冶金技术概论 [M]. 北京：冶金工业出版社，2006.

[5] 冯聚和. 炼钢设计原理 [M]. 北京：化学工业出版社，2005.

[6] 郑金星. 转炉炼钢工 [M]. 北京：化学工业出版社，2010.

[7] 张芳. 炼钢500问 [M]. 北京：化学工业出版社，2010.

[8] 张岩，张红文. 氧气转炉炼钢工艺与设备 [M]. 北京：冶金工业出版社，2010.

[9] 潘贻芳，王振峰. 转炉炼钢功能性辅助材料 [M]. 北京：化学工业出版社，2007.

[10] 王令福. 炼钢设备及车间设计（第2版）[M]. 北京：冶金工业出版社，2007.

冶金工业出版社部分图书推荐

书　名	作　者	定价（元）
钢铁冶金原理（第4版）（本科教材）	黄希祐　编	82.00
冶金热工基础（本科教材）	朱光俊　主编	36.00
钢铁冶金原燃料及辅助材料（本科教材）	储满生　主编	59.00
钢铁冶金学（炼铁部分）（第3版）	王筱留　主编	60.00
现代冶金工艺学（钢铁冶金卷）（本科国规教材）	朱苗勇　主编	49.00
钢铁冶金学教程（本科教材）	包燕平　等编	49.00
炉外精炼教程（本科教材）	高泽平　主编	40.00
连续铸钢（本科教材）（第2版）	贺道中　主编	38.00
冶金设备及自动化（本科教材）	王立萍　等编	29.00
炼铁厂设计原理（本科教材）	万　新　主编	38.00
炼钢厂设计原理（本科教材）	王令福　主编	29.00
轧钢厂设计原理（本科教材）	阳　辉　主编	46.00
物理化学（第2版）（高职高专国规教材）	邓基芹　主编	估40.00
无机化学（高职高专教材）	邓基芹　主编	36.00
煤化学（高职高专教材）	邓基芹　主编	25.00
冶金专业英语（高职高专国规教材）	侯向东　主编	28.00
冶金原理（高职高专教材）	卢宇飞　主编	36.00
冶金基础知识（高职高专教材）	丁亚茹　等编	29.00
金属材料及热处理（高职高专教材）	王悦祥　等编	35.00
高炉冶炼操作与控制（高职高专教材）	侯向东　主编	49.00
转炉炼钢操作与控制（高职高专教材）	李　荣　等编	39.00
炼钢工艺及设备（高职高专教材）	郑金星　等编	49.00
炉外精炼操作与控制（高职高专教材）	高泽平　主编	38.00
连续铸钢操作与控制（高职高专教材）	冯　捷　等编	39.00
矿热炉控制与操作（第2版）（高职高专国规教材）	石　富　等编	39.00
稀土冶金技术（第2版）（高职高专国规教材）	石　富　等编	39.00
高炉炼铁生产实训（高职高专教材）	高岗强　等编	35.00